黄瓜果实
成熟衰老特性

王志坤　孟凡立　编著

中国农业科学技术出版社

图书在版编目（CIP）数据

黄瓜果实成熟衰老特性/王志坤，孟凡立编著．—北京：中国农业科学技术出版社，2010.6

ISBN 978-7-5116-0156-8

Ⅰ．①黄…　Ⅱ．①王…②孟…　Ⅲ．①黄瓜-果实-成熟-研究②黄瓜-果实-衰老-研究　Ⅳ．①S642.21

中国版本图书馆 CIP 数据核字（2010）第 068530 号

责任编辑	邬震坤
责任校对	贾晓红

出 版 者	中国农业科学技术出版社
	北京市中关村南大街 12 号　邮编：100081
电　　话	（010）82109704（发行部）（010）82106626（编辑室）
	（010）82109703（读者服务部）
传　　真	（010）82109698
网　　址	http://www.castp.cn
经 销 者	新华书店北京发行所
印 刷 者	北京富泰印刷有限责任公司
开　　本	850mm×1168mm　1/32
印　　张	6.375 插页1
字　　数	180 千字
版　　次	2010 年 6 月第 1 版　2010 年 6 月第 1 次印刷
定　　价	40.00 元

《黄瓜果实成熟衰老特性》

王志坤　　孟凡立　　**编　著**

秦智伟　　李文滨　　**主　审**

作者简介:

王志坤（1978—），女，黑龙江省克东县人，博士，助理研究员，主要从事植物生物技术研究。2007年至今工作于东北农业大学大豆生物学教育部重点实验室/农学院。在植物衰老、基因克隆、生物信息学、大豆抗逆分子机理及抗逆转基因大豆新品种培育等研究方面有一定涉猎。

PREFACE 前　言

　　黄瓜（*Cucumis sativus* L.）是葫芦科黄瓜属中一类重要的蔬菜作物，在我国有两千多年的栽培历史。自 1970 年，我国已成为世界上黄瓜生产面积最大、总产量最高的国家。黄瓜幼果清脆爽口，营养丰富，还有医疗用途。黄瓜果实衰老后，果皮颜色变黄，许多营养物质降解，含水量降低，风味品质和营养品质均下降，失去原来的商品性。因此，研究黄瓜果实衰老机理，对黄瓜果实的衰老进行调控，提高果实的商品价值和货架期，是很具有实际意义的。

　　果蔬的成熟、衰老是一个复杂的生理生化过程，也是采后生理研究的热点。多年来，众多专家从植物化学、植物生理生化、遗传学、分子生物学等领域进行了深入细致的研究，提出了多种假说，如营养竞争假说、DNA 损伤假说、自由基损伤假说、植物激素调节假说、程序性细胞死亡理论等。

　　以往对果蔬的成熟衰老研究大多只停留在果蔬采摘后贮藏过程中的各项生理生化指标的变化上，而果蔬的成熟衰老在植株上已经开始启动。由于离体器官已停止与整体植株进行物质交换，因而，活体果实的衰老与离体果实的衰老过程不尽相同。这已在叶片上得到证实，而黄瓜活体果实成熟衰老的研究还未有报道。因此，研究黄瓜活体果实衰老不仅可以认清黄瓜果实自然衰老进程而且对黄瓜果实衰老的早期调控也具有重要意义。无论是研究果实衰老的机理还是选育耐贮藏抗衰老的黄瓜品种，都需要一种对衰老进程的鉴定方法。研究果实成熟衰老过程的生理生化指标很多，可至今尚未筛选出简单、快速、准确、方便并适合遗传育种和栽培学家应用的生理生化指标用于果实成熟衰老的鉴定。因此，筛选鉴定黄瓜果实衰老的生理生化指标将为黄瓜果实衰老特性和遗传变异的研究提供了方便的工具，是一个具有实际意义的工作。前人对衰老进程的划分进行了较多研究，但主要集中在叶片衰老进程的划分上。而果蔬成熟衰老进程研究较多的是番茄，对黄瓜成熟衰老进程的划分还未有报道。研究黄瓜成熟衰老进程的划分，明确其衰老过程不同时期的变化，对认清其衰老进程，有效延缓衰老、提高黄瓜果实商品性具有重要意义。

脂氧合酶（Lipoxygenase，LOX）在果蔬的成熟和衰老过程中起着非常重要的生理作用，是一类与成熟衰老有关的重要的酶。LOX 及其氧化产物——氢过氧化物可能直接参与了组织的衰老进程。植物组织膜质过氧化作用的启动需要 LOX，LOX 过氧化产物（脂肪酸氢过氧化物）可导致组织衰老，其主要机制包括促进合成蛋白质酶类的失活，抑制叶绿体的光化学活性以及加速细胞膜的降解；LOX 催化多聚不饱和脂肪酸氧化过程产生的自由基也可加剧细胞组分的降解，促进组织衰老。利用分子生物学方法研究 *LOX* 基因在果蔬的成熟衰老过程中作用，为调控果蔬衰老进程奠定基础。

本书以易衰老 D0313 和耐衰老 649 两个黄瓜品种的活体果实为材料，从外部形态、内部生理生化、超微观结构和分子生物学四个方面入手，对活体黄瓜果实衰老特性进行研究，目的是筛选出鉴定黄瓜果实衰老的生理生化指标，确定活体黄瓜果实衰老的进程划分，明确同一植株不同节位和同一果实不同部位的黄瓜果实衰老顺序，并从分子生物学角度探讨黄瓜果实成熟衰老表现。从而，找出黄瓜果实成熟衰老过程中的一些基本规律，以期为黄瓜果实抗衰老育种工作和果实成熟衰老机理的研究及调控奠定一定的基础。

"黄瓜果实成熟衰老特性"来源于作者攻读博士学位期间的主要研究内容。该书研究结果的取得是与导师秦智伟教授的悉心指导和辛勤培养分不开的。谨借此书出版的机会向导师致以最诚挚的谢意！

本书共分七章，第一章、第二章、第四章、第五章、第七章由王志坤编著，第三章、第六章由孟凡立编著，由秦智伟教授和李文滨教授审稿。

本书的出版承蒙"国家自然科学基金（30800625）"，"第四十四批博士后科学基金面上项目（20090451120）"，"黑龙江省博士后科学基金（LBH－Z07247）"，"哈尔滨市科技创新人才研究专项资金项目"、"东北农业大学博士启动基金项目"共同资助，在此表示由衷的感谢。

限于水平、才识有限，本书难免有叙述未清、表意未明等疏漏之处，敬请有关专家、同仁和广大读者批评指正。

王志坤

2009 年 4 月

CONTENTS 目 录

第一章　绪　论

一、植物衰老研究历史

　　衰老是生物界的一个重要现象。长期以来，人们对动物衰老的研究较多，尤其是对人体衰老的深入研究，为揭示人类长寿奥秘和延缓衰老提供了丰富的资料；对植物衰老现象的认识与探索，由于涉足相对较晚，与之相比差距较大。近20多年来，随着DNA重组技术、分子生物学、分子遗传学、结构和信息生物学、基因组学等学科新理论与新技术的不断发展及其在该领域的交叉渗透，动物与人体衰老研究变得异常活跃，新成果层出不穷，衰老相关基因与衰老分子机理的研究结果，为人类延年益寿提供了新的技术与途径。受动物与人体衰老研究的影响，以及迫切需要解决农业生产上早衰的问题，如与之密切相关的大田作物优质抗逆高产、果蔬切花保鲜等，人们对植物衰老现象和本质问题的研究日益受到广泛重视，植物衰老研究也从过去侧重于器官与组织水平逐渐深入到细胞、亚细胞和分子水平，特别是20世纪90年代以来，从细胞与分子水平上进行植物衰老的研究技术得到了迅速发展。

二、植物衰老的概念

　　植物衰老的研究虽可追溯到20世纪初，但以往对生物学上衰老、老化与死亡的概念认识不一。如在区分自然死亡和猝发死亡时，认为生物体自然死亡是由于生物体抗病力下降的内部因素所致，衰老与某些导致死亡可能性增加的内部因素有关，这个观点仍强调某些外部因子如病是死亡的最终原因（王亚琴，2003；Robertson，1994）。1957年Medawar提出衰老是导致自然死亡的一系列恶化过程，而老化是随着时间的增加，逐渐成熟的过程，不指与死亡有关的自然变化。Thimann（1978）提出，衰老是导致植物自然死亡的一系列衰退过程，是成熟细胞有序降解最终导致死亡。1993年Roach补充，衰老是随着年龄的增长，生存与生殖能力降低的过程（1993）。虽然衰老确实是随着年龄增长而进行的，但它却不是一个简单的被动过程，而是由内部和外部信号进行调节的，也能通过改变这些信号而得到延缓或促进（Nooden，1988）。Strehler（1997）认为衰老的概念为：①原发性：老化是随发育而出现的变化，是原发性改变；②障碍性：衰老是机体异常状态，必须伴有某种机能障碍；③渐进性：衰老是随着机体发育而出现的进行性较为明显变化，具有积累的性质，是一种不可逆的变化；④普遍性：衰老是生命发展的普遍规律，是任何生物也都逃脱不了的变化。因此衰老是普遍出现于机体、组织、细胞内部的代谢变化。也是直线的，缓慢进行的个体和组织功能低下，而导致机体内环境稳定性减退。2000年Dangl总结为衰老是植物组织在其生命尽头发生的一种相对缓慢的细胞死亡、它包括衰老组织中细胞内组分有序的解体，以及在存活部位最大限度的回收和利用衰老组织中的营养成分。

　　衰老是一种器官或组织逐步走向功能衰退和死亡的变化过程（王树凤，2000；种康，1992）。它除了代表器官或组织生命周期的终结之外，在发育生物学上也有着重要意义。在这段时期内，植物在成熟叶中积累的物质，包括大量的氮、碳有机化合物和矿物质，被分解并运送至植物其他生长旺盛的部位；对于绝大多数农作物来说，衰老会限制产量且造成采后损失。因此研究植物衰老不仅有助于认识其发育过程，而且可能建立操纵植物衰老的方法。目前植物衰老的主要内容包括：①在自然死亡前生理上的一系列衰退过程；②长期进化和自然选择的结果，可以在细胞、组织、器官及个体水平上发生；③发育的组成部分，主要受遗传基因控制，在生态适应以及营养物质再利用上都具有积极的意义，是一个主动的过程。

鉴于植物自身的特点，植物衰老可以分为两种基本类型：①一年生植物衰老：一年中只进行一次生殖生长，开花结实后衰老、死亡；②多年生植物衰老：一年中营养生长与生殖生长交替，叶片和/或茎秆衰老、死亡，但地上茎秆和地下部分或仅地下部分仍然活着。也可以将衰老分为四种类型：①整体衰老型：一年生或两年生一次结实植物，开花结实后随即全株衰老死亡；②地上部衰老型：指多年生草本植物；③落叶衰老型：指多年生落叶木本植物；④渐进衰老型：指多年生常绿木本植物（Leopold，1975）。实际上，这两种分类并无本质区别，但却从某种程度上暗示了衰老调控途径的多样性与复杂性。由于田间条件下大田作物衰老生理生化代谢复杂性、环境与遗传因子多样和多变性等，给生产上田间作物衰老程度、衰老时间早晚鉴定带来许多困难，育种与栽培学家往往将生育后期形态、色相（熟相）的直观变化来简单描述作物品种间衰老症状差异，但对其内部衰老差异了解相对较少。沈成国与余松烈连续 4 年在高产条件下对 28 个适宜于北方冬麦区种植的冬小麦衰老过程中形态色相及 9 个与衰老密切相关的生理生化指标观察与测定，将上述品种从 4 种熟相（绿熟型、黄熟型、灰白熟型及猝发早衰型）划分为：正常衰老、严重早衰、轻度早衰和贪青四种衰老类。

一、植物衰老过程中的生理生化变化

植物衰老是一个受高度调节的过程，细胞组分的降解也是有序进行的。叶绿素降解是衰老过程中第一个可以观察到的症状，但当发现叶子变黄时，衰老过程中的多数事件都已经发生，如蛋白质和 RNA 的降解使光合作用能力降低；氮、磷、金属元素和矿物质元素等营养物质也已转移到其他生长旺盛的部位。

1. 叶绿素降解

叶绿素的逐渐消失是植物衰老的最明显的表征之一。过去几年，叶绿素降解途径已经被阐明（Matile，1999）。叶绿素降解共分为四个连续的步骤，其中第三步脱镁叶绿酸 a 加氧酶（PaO）降解脱镁叶绿酸 a 被认为可能是衰老叶片黄化关键的一步。脱镁叶绿酸 a 加氧酶（PaO）是以脱镁叶绿酸 a 为底物切开卟啉环生成 RCC，只存在于衰老的叶片中，它的活性与叶绿素丢失的速率成正相关，因而它可能是叶绿素降解的一个关键酶（Buchanan-Wollaston，2003）。叶绿素降解成为无光化学特性的 FCC，然后被修饰后转运到液泡中以 NCC 形势贮藏，因此在某种程度上讲，叶绿素降解是衰老叶肉细胞的一种解毒方式，它对于衰老叶肉细胞活力的保持和亚细胞区域内各种大分子物质降解或合成代谢的顺利进行具有重要意义（Buchanan-Wollaston，2003）。

陆定志等（1997）认为，叶片衰老进程中 Chla 分解速度比 Chlb 快，Chla/Chlb 比值的变化作为衰老的一个指标更能直观准确的反映出植物叶片衰老的进程。叶绿素的丧失可导致体内超氧化物自由基产量升高，但是这种伴随黄化的叶绿素丧失是否就触及衰老的机理呢？现已知在一些情况下，叶绿素含量和衰老之间存在着明显的负相关，如白化叶片或花瓣等缺乏叶绿素的组织，在诱导叶片衰老的同样条件下也一样衰老。另外也发现叶片的黄化是可逆的。细胞分裂素（CK）处理黄化和衰老叶片时，可诱导再绿，这不仅反映这种向青绿幼嫩的转化，同时膜相也从凝胶态转向液晶态。叶绿体衰老的顶峰是双层膜中外膜脱落，这时细胞器内的结构已全部解体，而经 CK 处理衰老的叶绿体可被修复。由再绿和叶绿体修复现象，引申出衰老概念的一个基本问题——如果一个明显的衰老现象，如叶绿体降解，是可逆的话，这是否为真正的衰老呢？

2. 蛋白质降解

植物衰老期间蛋白质的降解是最重要的降解过程，因为氨基酸的再动员对植物其他发育着的器官是非常重要的。蛋白质丧失是叶片衰老过程中的早期事件，蛋白质控制衰老有两方面的含义：一方面降低蛋白质周转，它是蛋白质合成机制丧失的结果；另一方面蛋白质含量通过蛋白质水解而降低。

植物衰老中的一个难题是叶片中 75% 以上定位在叶绿体内的蛋白质是如何降解和移动的，而且，是什么信号来激发这一过程的开始？沈成国（2001）认为蛋白质含量降低可能仅靠蛋白质合成速率降低就能启动，而无须改变蛋白质降解活动本身。许多蛋白酶基因在衰老过程中诱导表达，但这些基因所编码的酶定位在液泡内，因此直至液泡膜破裂这些酶才能与叶绿体内蛋白作用。据报道，在叶绿体内发现氨肽酶和金属内切蛋白酶的活性并且在叶绿体膜上也发现了 Clp 蛋白酶亚基 (Roulin，1998；Shanklin，1995)，这些酶可能在叶片发育中对蛋白质的周转起作用，但仍没有确切的证据证明它们在衰老过程中控制蛋白质的降解 (Majeran，2000；Shikanai，2001)。在叶片衰老时，细胞内不同分室 (compartment) 很可能共同参与某种蛋白质的完全水解，至于蛋白质降解活动细胞和亚细胞水平上的空间分布和调控机理至今仍不清楚 (Feller et al，1990)。有许多研究报道认为，当叶绿体处在光氧化胁迫时，基质蛋白如 Rubisco 和谷氨酸合成酶的降解能够通过活性氧非酶途径完成 (Ishida，2002；Roulin，1998)。然而，活性氧 (ROS) 含量的上升是否能够引起 Rubisco 的最初降解并不清楚。因为尽管 ROS 含量在衰老期间确实升高，这可能是大分子降解引起的，因而发生在蛋白质和脂质降解之后。

有证据表明泛肽依赖蛋白降解途径 (ubiquitin dependent proteolytic pathway) 存在于衰老过程中蛋白质的降解，而且可能直接参与一些特定的胞质蛋白质的降解 (Park，1998；Woo，2001)。但是，迄今为止，还没有发现泛肽依赖的蛋白降解系统位于叶绿体中，而在叶片衰老中被降解的蛋白大部分定位于叶绿体，所以可能存在一个副调控因子定位于叶绿体外面，经由泛肽途径降解，引起信号传导的级联反应，最终导致叶绿体蛋白的降解 (Yoshida，2003)。最近，在植物中发现了一条新的蛋白质降解途径——自噬途径 (APG)。自噬途径就是大批胞质成分和细胞器被隔离在专用于自噬的囊泡中，然后被递送到液泡中降解。这条途径提供了衰老过程中蛋白质降解的另外一条路线，目前已克隆到涉及该过程的一些基因 (Gepsleir，2003；Doelling，2002；Hanaoka，2002)。

3. 脂类降解

膜磷脂的降解一般由不同的磷脂酶作用而成，迄今知道的磷脂酶有：磷脂酶 A1 和 A2、磷脂酶 B（溶血磷脂酶和脂酰基水解酶）、磷脂酶 C、磷脂酶 D。其中，磷脂酶 D 催化各种磷脂酸与醇之间的磷脂键的水解。由于磷脂酶 D 的作用可产生磷脂酸，在衰老生理上这种脂解作用更为重要。现已经发现该酶与植物衰老有关，可能在细胞膜降解中起作用，尤其对富含在叶绿体内的类囊体膜的降解起作用（Weaver，1997；Ryu Stephen，1995；Whitaker，2001；袁海英，2005；Buchanan-Wollaston，1997）。

脂氧合酶（LOX）普遍存在于高等植物体内，专一催化含顺、顺 -1，4 - 戊二烯系统的不饱和脂肪酸的加氧反应，从而产生羟过氧化烯的衍生物。LOX 在衰老过程中参与了茉莉酸的形成，后者被认为是植物细胞衰老的促进剂。事实上，LOX 也可参与从胡萝卜素的甲基紫精合成脱落酸的另一途径。另外，LOX 及其氢过氧化产物也许直接参与了衰老的过程，脂肪酸氢过氧化产物通过几种不同机理，如蛋白质合成失活、叶绿体化学活性的抑制和细胞膜破坏等，从而导致衰老（Ferrie，1994；Matsui，1999；Porta，2002）。

拟南芥 SAG101 基因，编码一个酰基水解酶，可以水解甘油酯释放油酸。该基因在衰老的早期阶段被诱导表达，一直持续到衰老的晚期，反义抑制该基因延缓衰老，而过表达该基因则促进了衰老（He，2002）。因此，认为酰基水解酶可能引发与衰老相关的膜降解。

4. 其他物质降解

核酸，尤其 RNA，是构成成熟叶片中磷的重要资源。编码几种不同核酸酶的衰老上调基因的表达已有报道，推测它们的功能是关于衰老过程中核酸的降解。植物衰老过程中核酸总量（DNA 和 RNA）下降明显。其中，叶片衰老过程中随着核酸酶活性升高可观察到总 RNA 含量明显降低；总 DNA 水平变化较小，直至衰老末期才显著下降。RNA 和 DNA 含量下降，可能是两者合成速率降低或核酸酶活性增加的结果，也可能是两者作用不平衡的结果。拟南芥叶片和茎衰老时，可以检测出较高水平的核酸酶基因 BFN1 转录本 mRNA（Perez-Amador，2000）；番茄叶片衰老时，核酸酶基因 LX 转录水平明显升高（Lers 等，1998）。另外，叶片中的其他营养成分包括金属离子如 K，Mo，Cu 和 Fe 等，它们中的大部分元素也随着叶片的衰老转移到植物的其他生长部位。近来，Himelblau 和 Amasino（2001）分析拟南芥叶片中的营养物质动员，指出与新鲜绿叶相比，许多化合物（Mo，Cr，S，Fe，Cu 和 Zn）在衰老叶片中的含量降低 50% 之多；衰老叶片中的营养元素 N，P 和 K 下降至少 80%。然而，对于编码这些实现营养物质动员过程中酶的基因却知之甚少。氨同化过程中的关键酶谷氨酰胺合成酶，在植物叶片中有两种同工酶，叶绿体内的 GS2 和细胞质内的 GS1，它们分别由体内表达不同的核基因编码。叶片发育与衰老过程中 GS 变化及定位结果表明：GS2 主要同化线粒体中光呼吸过程中释放出的氨（Kawahami，1998；Yamaya，1988），GS1 则在氮的输出方面起主要作用（Kamachi，1991）。以后发现的 GS1 在水稻维管束韧皮部细胞中定位、叶片衰老末期 GS1 具有较高活性及韧皮部汁液中谷氨酰胺浓度较高等结果都支持上述观点（Hayashi，1990；Feller，1994）。

Celine 等（Diaz，2005）对拟南芥不同遗传背景的重组自交系衰老程度进行比较。γ-氨基丁酸，亮氨酸，异亮氨酸，天冬氨酸和谷氨酸的比例与重组自交系的发育和衰老基因型有关。尽管在叶片中检测不出任何衰老症状，但已能够检测出甘氨酸/丝氨酸的比率差异，这可能用来作为预测植物衰老行为的指标。而且，还发现晚衰品种比早衰品种的谷氨酰胺、天冬酰胺和硫酸盐移动效率高。

二、植物衰老机制假说

关于植物衰老的机制的争论一直未停止过。目前，这种争论主要体现在一系列假说上。实际上，这些假说分别从不同的角度阐述了衰老这一复杂现象对本质机理，彼此之间互相补充、互相印证。

1. 营养亏缺假说

营养胁迫说是 Molish（1938）第一个提出的。后来人们将 Molish 的学说加以修改，提出营养亏缺假说：在有花植物中，由于幼嫩繁殖器官库的强烈拉力而垄断所有养分，同时繁殖器官库光合强度降低。有两个模型来解释这个假说：一是来自幼嫩繁殖器官对氮的强烈需求；另外，繁殖器官产生一种衰老激素传递给叶片而激发衰老过程（Hayati *et al.*，1995）。然而，关于该假说的分子机理我们仍然一无所知。潘晓华等（1998）研究认为，库小叶片中糖积累增多，促进活性氧产生，加速叶片衰老。生理学和遗传学分析进一步发现，糖浓度的提高也可以诱导叶片衰老。王绍华等（2003）的研究证实了这一点。但后来的许多研究与这种理论相矛盾。例如，随着豆荚的发育，即使给大豆提供充足的矿质营养仍然不能阻止他们的衰老（Mauk and Nooden，1992）。此外，目前还发现，光合作用也很容易对于源库之间的调控产生负向的影响（Nooden and

Guiamet，1989），且糖分在叶片中的积累可以对于光合作用相关的基因表达产生抑制作用（Jang *et al.*，1995；Gan and Amasino，1997）。即糖分积累可能是使衰老进程得以促进的重要因子之一，这从另一个方面指出了该假说的不足。

2. 衰老因子假说

其认为个体衰老是由于果实成熟过程中向营养器官释放的一种诱导衰老的因子或信号（Kelly *et al.*，1986）。植物个体衰老，确实是一个涉及信号转导的问题，信号既包括可以转移的也包括不可以远距离移动的信号分子。但是，其主控信号分子不见得即是由成熟果实所释放的。直至目前，并没有人能分离到衰老因子，更不知道为何种物质。实际上，调控衰老的因子功能是受控于发育的时空间限制的，不太可能只是一种主控因子。

3. 激素调节假说

其认为单花期植物营养生长阶段，地上部与地下部器官所合成的激素通过运输在体内形成一个反馈环，相互协调以维持植物正常的生长与发育；当衰老时，这种反馈环被破坏，同时果实生长成熟过程中释放的衰老因子和乙烯等又促进了衰老（Nooden *et al.*，1988）。在这里存在这样一个问题：当衰老程序逐渐启动时，这个反馈环究竟在哪个器官或组织区域的破坏是最具决定作用的，以及主控区的问题。目前，已知外加细胞分裂素或赤霉素，可以得到一定的延缓植物叶片（Nooden and Leopold，1988）或者植株衰老（Zhu *et al.*，1997）进程功能。相反的，乙烯或者脱落酸则通常促进衰老进程（Nooden *et al.*，1988；Grbic and Bleecker，1995）。而且，现在已知乙烯的上游调控基因编码一种钙调蛋白结合蛋白，并受到钙离子的调控而参与衰老进程（Yang and Poovaiah，2000）。

4. 细胞程序性死亡假说

其认为植物个体的衰老，主要是由于基因调控制的自主的且是有序的渐趋死亡过程，涉及一系列的基因的激活、表达及调控（Greenberg，1996），是植物发育、生存所必需的过程。该假说一定程度上过分侧重于衰老的终末阶段分析，且目前相关研究结果多是针对死亡这一问题。我们的工作更应集中于寻找与分析真正控制衰老或延缓衰老的基因上。衰老与死亡在发育过程中发挥各自不同的功能，且死亡通常是衰老的最终结果。目前，对于衰老与细胞凋亡的关系尚不清楚；而且，细胞凋亡究竟是如何参与调控器官或者植物个体的衰老进程，正在研究中。因此通常建议，二者在概念上不要混用（Nooden *et al.*，1997）。但是，尽管植物器官衰老与细胞凋亡之间存在着显著的差别（Nooden *et al.*，1997），衰老与细胞凋亡之间的关系尚需要进一步研究。

5. 氧自由基理论

自由基有细胞杀手之称。1955 年哈曼（Harman，1956）就提出，衰老过程是细胞核组织中不断进行着的自由基损伤反应的总和。概括地讲，衰老的自由基学说应包括以下几点：（1）需氧生物体内的自由基，主要是指活性氧来自生物过程本身，它是生命活动所必需的，但当它积累过多时，也会造成对生物大分子的破坏作用；（2）生物在长期的进化过程中，适应了含氧的生物圈，在体内形成了一整套精致的抗氧化保护系统来消除自由基的危害，通过减少自由基的积累与清除过多的自由基两方面来保护细胞本身不受伤害；（3）过多自由基的危害主要在细胞或亚细胞水平上，在分子水平上使生物大分子遭到破坏和膜损伤；（4）生物体内自由基的产生于利用或消除之间达到动态平衡时，生命活动正常进行。一旦由于内因或外因打破这种平衡，自由基的危害不能控制，就会引起衰老（或老年性疾病）（宋存鹏，1998）。

近年来，衰老的自由基损伤学说受到重视。衰老过程往往伴随着超氧化物歧化酶（SOD）活性的降低和脂氧合酶（LOX，催化膜脂中不饱和脂肪酸加氧，产生自由基）活性的升高，导致生物体内自由基产生于消除的平衡被破坏，以致积累过量的自由基，对细胞膜及许多生物大分子产生破坏作用，如加强酶蛋白的降解、促进脂质过氧化反应、加速乙烯产生、引起 DNA 损伤、改变酶的性质等，进而引发衰老。多数自由基有下述特点：不稳定，寿命短；化学性质活泼，氧化能力强；能持续进行链式反应。活性氧是化学性质活泼，氧化能力很强的含氧物质的总称。在植物组织中，活性氧类型主要包括超氧化物阴离子（$O^{2-}\cdot$ 和 HO^{2-}）、过氧化氢（H_2O_2）、氢自由基、脂质过氧化物（ROO）、单线态氧（O_2^-）五种。它们能氧化生物分子，破坏细胞膜的结构与功能。

正常情况下，由于植物体内存在着活性氧清除系统，细胞内活性氧水平很低，不会引起伤害。但活性氧水平升高导致膜脂过氧化，对细胞膜具有严重的伤害作用，导致衰老（Alvarea et al.，1998）。

植物细胞中活性氧的清除主要是通过有关酶和一些抗氧化物质。细胞的保护酶主要有超氧化物歧化酶（SOD）、过氧化氢酶（CAT）、过氧化物酶（POD）、抗坏血酸过氧化物酶（ASP）、谷胱甘肽过氧化物酶（GPX）、谷胱甘肽还原酶（GR）及非保护酶系统的抗坏血酸（AsA）等，其中以 SOD 最为重要。对水稻、烟草、菜豆、燕麦等叶片衰老的研究表明，叶片中 SOD 活性随衰老而呈下降趋势，超氧自由基等随衰老而增加，脂类过氧化最终产物丙二醛（MDA）的积累对膜和细胞造成伤害，MDA 与膜脂透性成正相关关系，通常用MDA 作为膜脂过氧化作用的指标，用以表示膜脂过氧化的程度。而植物处于生长旺盛时期，SOD 活性则是随着生长的加速保持比较稳定的水平或有所上升，因此，SOD 活性的下降与植物体的衰老是呈正相关的，乙烯、乙烯利促进 MDA 生成。

6. 端粒与端粒酶理论

端粒与端粒酶作用机制，同样适用于植物细胞（Fitzgerald et al., 1999）。最初，即已经注意到两端破坏的染色体在胚细胞中可以被"修复"，而在胚乳细胞中却不能。实际上，这就是因为胚细胞中含有活跃的端粒酶活性，而胚乳中则没有。许多植物中都含有端粒 TTTAGGG 重复序列（Richards and Ausubel，1988）。在大麦的分化与衰老过程中，端粒缩短；单在其未分化的愈伤组织中则增加（Killian et al., 1995）。相应的，在裸子植物未分化细胞中，端粒酶活性很强，而在不再增殖组织中端粒酶活性很低或检测不到（Fitzgerald et al, 1996）。目前，在拟南芥中已经克隆到端粒酶催化亚基基因 AtETRT；而且其表达与端粒酶活性变化相一致，并直接调控端粒长度变化（Fitzgerald et al., 1999）。同时，在水稻与拟南芥中也已经克隆到编码端粒结合蛋白的基因 RTBP1 与 ATBP1，该蛋白氨基酸序列并都含有保守的类 Myb 区（Yu et al., 2000）。

7. 基因的时空间调控

核基因在叶片发育的时间和细胞内空间上，对衰老进行控制，它控制着质体的衰老程度或者控制着与叶片衰老的启动有重要关系的某些物质的表达、合成，而引发、诱导叶片衰老的起始。植物的衰老进程分为起始期、降解期与终末期（Yoshida, 2003) (图 2 - 1); 于是, 相应不同阶段的基因表达调控也各不相同 (Nooden *et al.*, 1997) (图 2 - 2)。同时, 衰老的调控是多调通路与可塑的, 植物机体内部的自主信号与环境信号分子启动了这些通路, 从而调控这植物衰老的进程 (Gan

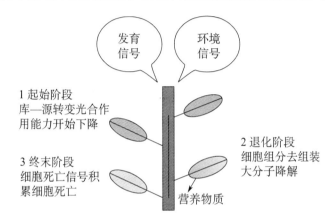

图 2 - 1 叶片衰老的三个阶段及其生理特征（摘自 Yoshida, 2003）

Fig. 2 - 1 Three stages of leaf senescence and their physiological characteristics（Adopted from Yoshida, 2003）

外界环境信号和内源发育信号共同作用诱发叶片衰老。在起始阶段, 光合作用能力下降, 源—库的转变导致代谢上的一系列变化; 衰退阶段的主要特征是细胞组分的去组装和大分子物质的降解, 降解的产物作为营养物质被重新运送到"库"器官; 终末阶段的结果即是导致细胞死亡, 叶片脱落。图中, 低位的叶子表示老叶, 箭头指示了营养物质的运送方向

Leaf senescence is induced by hypothetical developmental and environment signals. Photosynthetica activity begins to decrease before symptoms of leaf senescence become visible. The initiation phase includes metabolic changes that are accompanied by sink-source transition. The degenerative phase is characterized by the disassembly of cellular components and the degradation of macromolecules, such as proteins, lipids and nucleic acids. The degradation products are translocated to sink organs as nutrients. The terminal phase leads to cell death and the death or abscission of an entire leaf. Lower leaves are older leaves. Black arrows indicate the transport nutrients and Amasino，1997）。这一理论已得到许多实验证实，如吉田的质壁分离试验，叶片发育期间单个酶的连续改变及衰老特殊同工酶的遗传模式等。

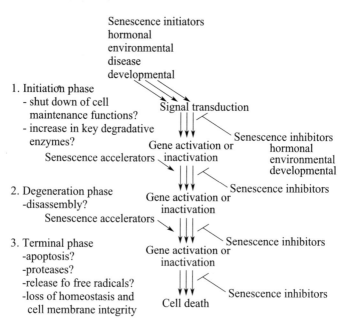

图 2-2　叶片衰老中心途径的推测（摘自 Nooden *et al.*，1997）

Fig. 2-2　Proposed outline of the central pathways for leaf senescence

（Adopted from Nooden *et al.*，1997）

8. Ca^{2+} 胞内调控假说

正常条件下细胞溶质必须保持极低的 Ca^{2+} 浓度（$10^{-7}\sim 10^{-6}$）。细胞溶质的低 Ca^{2+} 浓度主要通过细胞溶质中 Ca^{2+} 跨液泡膜、线粒体膜及内质网膜进入胞外空间而实现。该假说认为，叶片衰老是由于 Ca^{2+} 的跨膜运输受阻，导致胞内 Ca^{2+} 浓度增加，代谢紊乱所致（Hepler 等，1985；Huang 等，1992）。

目前该假说仅在部分植物的研究中获得了一些间接性证据（Tanimonto 等，1986）。1999 年，何萍等利用春玉米为材料，对叶片衰老中激素变化、Ca^{2+} 跨膜运输和膜质过氧化三者之间的关系进行了研究，他们认为，玉米叶片衰老首先可能是内源激素含量的变化，进而影响到 Ca^{2+} 跨膜运输，导致膜质过氧化，由此引起叶绿素和蛋白质降解，启始叶片衰老。

三、植物衰老的分子生物学

叶绿素降解、蛋白质代谢受到核基因的控制及常绿突变体的发现表明，叶片衰老的起始受控于遗传因子。叶片衰老过程中，其中总 DNA 水平变化较小，而总 RNA 水平尤其是 mRNA 水平则剧烈下降，以小麦、牛尾草、大豆、萝卜和番茄的绿叶及衰老叶片中的 mRNA 进行体外翻译，结果表明：随着叶片衰老，一部分 mRNA 数量减少或消失，而另一部分 mRNA 出现或数量增加。这说明叶片衰老过程中可能有一些基因受到抑制而低水平表达，甚至完全不表达，而另一些基因则在衰老期间被激活，表达增强。在衰老过程中表达下降的基因被称为衰老下调基因（Senescence down-regulated genes，SDGs）（图2 – 3）。而大多数基因的 mRNA 水平随着叶片衰老而提高，即这些基因的表达是上调的（up-regulated），通常称之为衰老相关基因（senescence-associated genes，SAGs）即衰老上调基因，其中一类（Ⅰ型）仅在衰老特定发育阶段表达的基因成为衰老特定基因（senescence-specific genes，SSGs），它的 mRNA 只有在叶片衰老时才能检测到。另一类 SAGs（Ⅱ型）在叶片生长初期就可检测到有低水平表达，衰老开始后表达量迅速上升。迄今，已从拟南芥、油菜、水稻、番茄、大麦等植物中克隆出约

30 种以上衰老相关的上调基因，但已有的研究表明，只有少数几个 SAGs 属于衰老专一型。

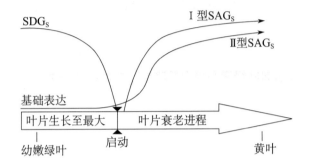

图 2 - 3 叶片衰老过程中的差异基因表达（摘自 Gan, 1997）
Fig. 2 - 3 Differential gene expression during leaf senescence
（Adopted from Gan, 1997）

衰老下调基因（SDGs）指叶片衰老负调节基因，包括参与光合作用的基因，如叶绿素 a/b 结合蛋白基因（CAB）、Rubisco 小亚基基因（SSU）。衰老相关基因（SAGs）指在叶片衰老过程中正调节表达的基因。Ⅰ型 SAGs 仅在衰老期间表达（衰老特异），Ⅱ型 SAGs 在叶片发育的早期也有基础表达，但在衰老期间表达加强

Senescence down-regulated genes（SDGs）include genes involved in photosynthesis such as the chloroph Ⅱ a/b-binding protein gene（CAB）and the Rubisco small subunit gene（SSU）. SAGs are those genes with expression up-regulated during senescence. Class Ⅰ SAGs are expressed only during senescence（senescence-specific）. Class Ⅱ SAGs have a basal level of expression during early leaf development, but the level increases during senescence

利用生物化学的方法研究植物衰老虽然取得了很大进展，但它仍有一定的局限性。近几年来国内外学者广泛利用分子生物学方法探讨植物衰老的问题。利用分子生物学途径分析叶片衰老将会实现以下几个目标：第一，鉴定和克隆编码衰老过程中诱导或上游表达的基因，描述这些基因的性质并确定其功

能；第二，进一步克隆这些基因的启动子及结合在上游区域的蛋白来研究基因的表达调控模式，使我们继续分析控制衰老程序的信号事件；第三，鉴定出控制感应衰老程序中的最初/主要的调控基因（Chandlee，2001）。

目前，克隆大量的 SAGs 在过去十多年时间里引起了该领域内许多实验室的关注。Shimon *et al.*(2003) 为揭示衰老的分子机理和预测衰老过程中复杂的网络调控途径，利用抑制性减式杂交方法从拟南芥叶片中分离了大量的 SAGs 并进行了大规模基因表达分析。证实 130 个差异表达的 SAGs 基因编码的蛋白质可能参与大分子的降解、氧化物的解毒、防御机制的诱导以及信号和调控等事件。另外，分析了 SAGs 基因从衰老综合症的最早期到末期表达图谱的改变和某些新 SAGs 在叶片发育、离体叶片、黑暗、乙烯和细胞分裂素处理后的基因表达比较。对叶片衰老过程中的调控、生化和细胞事件的发生给了一个整体的洞察。同年，Bhalerao（2003）等，构建了白杨叶片完全张开和叶片衰老初期的 cDNA 文库，对所获得的 EST 进行了评估和功能分类，阐述了多年生落叶植物叶片衰老初期的基因表达情况，为探明多年生落叶植物叶片衰老的分子机理奠定了基础。

SAG 表达调控和表达模式的研究将有助于阐明植物衰老的根本分子机理。目前在自然条件下和人为诱导情况下 SAG 表达的调节和表达模式十分复杂，因不同的处理或条件而异。推测可能存在多种衰老调节途径，并激活不同的基因。一些基因可能被几个途径共同调控，其他基因可能对于一个特定途径是唯一的（图 2-4），而特有的基因可能是衰老调节成分的上游调节基因。因此，封闭个别途径可能对衰老程序没有显著影响。SAG 启动子序列分析说明，SAG 表达的调节属于多因子性质，假如是个别转录调节因子参与衰老相关的基因表达，那么，所有 SAGs 的启动子区域应有共同的顺式作用元件。

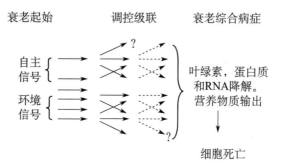

图 2 - 4　叶片衰老的调控途径和可塑性（摘自 Gan，1997）

Fig. 2 - 4　Regulatory pathways and plasticity of leaf senescence (Adopted from Gan，1997)

植物衰老调控的多条途径指作用于不同的自主因子和环境因子的多重途径可能相互作用形成一个调控网络。该模型中，衰老过程中某个单基因突变使该途径种的某个部分功能失活，可能对整个衰老进程没有一个重要的影响。问号（？）代表由一个特殊信号诱导表达的基因，但可能在叶片衰老中不起作用

Multiple pathways that respond to various autonomous and environmental factors are possibly interconnected to form a regulatory network. In such a model, a single gene mutation that inactivates one component of the pathways may not have a significant effect on the progression of senescence. Question marks（？）represent genes that are included by a particular signal but may not play a role in leaf senescence

叶片衰老的启动能够由内部和外部许多不同因素诱导，如温度、干旱、弱光、营养供应和病菌侵袭等环境因素。然而，叶片衰老是植物发育的重要组成部分。即使植物生长在十分有利的条件下，然而当叶片达到某个年龄或植物的生殖状态

转到某个阶段，衰老也将在植物叶片内发生。在不同条件下开启调节植物衰老的原始信号可能是不同的，但是，通常涉及的衰老过程很可能是相同的（Buchanan-Wollaston，1997）。

四、衰老的调控

植物或其器官的衰老主要受遗传基因的支配，同时，也受到环境因子的影响。因此，可通过多种措施调控植物的衰老，以服务于农业生产。

1. 衰老的遗传调控

植物的衰老过程受多种遗传基因的控制，并有衰老基因的产物启动衰老过程 Buchanan-Wollaston 等（2005）对拟南芥的发育和暗/饥诱导衰老信号途径的基因表达差异进行了比较转录基因组分析。

应用基因工程可以对植物或器官的衰老进行调控。通过基因扩增，是 SOD 过度表达，可产生抗衰老的转基因植物。Sato 等（1989）首先获得 ACC 合成酶翻译 RNA 转基因番茄，后来 Oeller 等（1991）也获得了 ACC 合成酶反义 RNA 的转基因番茄植株，这些植株能正常开花结实，其果实乙烯产量下降了 99.8%，因而明显地推迟了果实的衰老与成熟。John 等（1995）将 ACC 氧化酶的反义基因导入番茄，也使果实、叶片衰老得到延缓。转基因番茄在美国、英国已批准上市。Gan 和 Amasino（1995）从拟南芥中分离鉴定了与衰老相关的基因（senescence-associated genes，SAGs）。其中，仅在衰老特定发育阶段表达的基因称为衰老特定基因（senescence-specific genes，SSGs），如 SAG12、SAG13、LSC54 等。将 SAG12 的启动子与 IPT（编码异戊烯基转移酶）（isopentenyl transferase）

的编码区连接形成融合基因 PSAG-121IPT 一旦衰老，SAG12 启动子将激活 IPT 的表达，使 CTK 含量上升，叶片衰老延缓。同时看到，当衰老进程受阻后，对衰老敏感的 SAG12 启动子被关闭，从而又有效地阻止了 CTK 的过量合成，这是一个比较完善的衰老自动调控系统。

2. 植物生长物质对衰老的影响

一般来讲，细胞分裂素、低浓度生长素、赤霉素、油菜素内酯、多胺能延缓植物衰老；脱落酸、乙烯、茉莉酸、高东渡生长素则促进植物衰老。外源激素对不同物种的效应不同，这可能与内源激素的水平或器官对激素的敏感性有关。

综上所述，衰老可能与植物体内多种激素的综合作用有关。关于植物激素延缓或加速器官衰老的作用机理，早期大多数工作者认为在转录和翻译水平上起作用，而近年来则有人认为，延缓衰老的激素可能是作为直接或间接的自由基清除剂而起作用的。

3. 环境因素对衰老的影响

1）光

适度的光照能延缓小麦、燕麦、菜豆、烟草等多种作物连体叶片或离体叶片的衰老，而强光对植物有伤害作用（光抑制），会加速衰老。不同光质对衰老作用不同，红光能延缓衰老，远红光可消除红光的作用；蓝光显著地延缓绿豆叶片衰老；紫外光因可诱发叶绿体中自由基的形成而促进衰老；短日照促进衰老，长日照延缓衰老。李柏林等（1989）的研究结果表明，光在延缓燕麦叶片衰老的同时，阻止了 SOD 和 CAT 活性的下降，减少了 MDA 的积累，使叶片自动氧化速率大大下降。

2）水分

干旱促使叶片衰老，水涝会导致缺 O_2 而引起根系坏死，最后使地上部衰老。

3）矿质营养

营养亏缺会促进衰老，其中 N、P、K、Ca、Mg 的缺乏对衰老影响很大。

4）气体

若 O_2 浓度过高，则会加速自由基形成，引发衰老。低浓度 CO_2 有促进乙烯形成的作用，从而促进衰老；而高浓度 CO_2（5%～10%）则抑制乙烯形成，因而延缓衰老。

5）不良环境条件

高温、低温、大气污染、病虫害等都不同程度地促进植物或器官的衰老。这些逆境因素都要通过体内调节机制（如激素水平、信号转导、基因表达）而影响衰老。

生产上可通过改变环境条件来调控衰老。如通过合理密植和科学的水肥管理来延长水稻、小麦上部叶片的功能期，以利于籽粒充实；使用 Ag^+（10^{-10}～10^{-9}mol/L）、Ni^{2+}（10^{-4}mol/L）和 Co^{2+}（10^{-3}mol/L）能延缓水稻叶片的衰老；在果蔬的贮藏保鲜中常以低 O_2（2%～4%）高 CO_2（5%～10%），并结合低温来延长果蔬的贮藏期。

五、小结

近年来，植物衰老研究日益重视。衰老是如何启动的，其发生、发展规律如何？在衰老过程中发生了哪些事件？不同器官、组织和不同细胞衰老的机制以及衰老关系如何？与植物衰老密切关系的植物激素、多胺、钙等在衰老过程中到底起什么作用？衰老是植物发育的重要组成部分，那么控制植物衰老、决定衰老发生时间的因素（基因）又是什么？这些都是亟待解决的问题。

随着分子生物学手段的不断革新，将会发现越来越多的SAGs，这为探讨衰老过程的调控和信号转导提供了可能。而且，伴随基因芯片技术和生物信息学的迅猛发展，人类终将会揭开衰老机理的面纱。探明衰老的机理可以为我们提供长期的现实利益，不仅通过延缓植株叶片衰老来最大程度地提高作物产量，而且可以尽可能地减少产后和采收后水果、蔬菜和花卉的损失。操纵植物衰老的转基因技术在农业上有重大应用潜力，将为农作物、蔬菜等的增产创造新的机遇，PSAG12-IPT在转基因烟草中的非凡表现已预示了这种可能性。

果实成熟衰老是一个复杂的生理生化变化过程。对果实的成长（Maturation）、成熟（Ripening）和衰老（Senescence）的概念长期以来存在着较大的争议，目前比较一致的理解是，"成长"系指达到生理成长度（Physiological maturity）的发育阶段；"成熟"系指从生长发育后期到衰老之间所发生的综合过程，其结果是形成典型的外观及食用品质，如成分、色泽、质地或其他感官属性之变化；"衰老"系指果实分解代谢和组织的阻抗系统的逐渐崩溃。现在认为成熟过程既有分解代谢，又是一个组织进一步分化的过程，包括新蛋白质的合成。所以，不能将成熟完全等同于衰老。不过成熟也包含衰老的症候群（syndrome），成熟加速衰老。与成熟紧密相伴随的是果实的衰老、软化甚至腐烂，给贮藏运输等工作带来了很大困难。因此，研究和探明果实成熟和衰老的生理机制是人们关注的问题。

果实成熟机理的研究，主要集中在对果实呼吸高峰的出现进行解释。在果实成熟过程中，大量蛋白质、RNA 的合成以及与成熟有关酶含量的增加，表明果实成熟过程是受到基因控制的，这为成熟基因的克隆、表达的人工调控提供了基础。大量的研究表明，活性氧作为信号分子参与果实乙烯的合成以及果实的成熟衰老过程，运用活性氧理论可能是研究调控果实成熟衰老的有效途径之一。

一、活性氧代谢与果实成熟衰老的关系

活性氧是由氧形成的、含氧且有高度化学活性的几种分子的总称，包括 O_2^-、$^1O_2$、H_2O_2、·OH 及膜质过氧化物的中间物 LO、LOO 和 LOOH（孙存普，1999）。在植物细胞正常代谢过程中，活性氧可由多种途径产生，如叶绿体、线粒体和质膜上的电子传递产生了一个不可避免的后果：即电子传递至分子氧上，随之产生活跃的、具有毒性的活性氧。生物和非生物胁迫的介入都可使活性氧的水平升高。自由基、活性氧对植物产生伤害的一个重要机制是直接或间接启动膜质的过氧化作用，导致膜的损伤和破坏，严重时会导致植物细胞死亡。

植物细胞的膜质过氧化是指在生物膜的不饱和脂肪酸中发生的一系列自由基反应，可以是自由基、活性氧引发的多元不饱和脂肪酸发生自氧化的结果，也可以是 LOX 在自由基、活性氧参与下作用的结果，最后导致膜脂中不饱和脂肪酸的含量降低。膜质过氧化的中间产物自由基和最终产物丙二醛（MDA）都会严重地损伤生物膜。已被证明 MDA 的积累来自不饱和脂肪酸的降解，它的生成是由体内自由基引发而产生的。因此，MDA 的积累在一定程度上反映了体内自由基活动的状态，MDA 积累多，·OH 和 O_2^- 等自由基亦可能是高水平的。

Harman 提出衰老过程是细胞和组织不断地进行自由基损伤反应的总和（Harman，1955），并进一步提出衰老过程是活性氧代谢失调的过程，最终形成自由基衰老学说（Harman，1983；Halliwell，1996；Hslfwell，1994），是活性氧从最初的医学上的研究逐步发展到植物上，成为人们研究的热点。

1. 果实成熟衰老过程中活性氧伤害及膜脂过氧化

在正常生长的植物体内，活性氧很低，不至于对植物产生严重伤害。伴随着果实的成熟与衰老，果肉组织中的 H_2O_2、O_2^- 含量逐渐增加，上升到峰值后下降。H_2O_2、和 O_2^- 的积累超过一定浓度，会导致蛋白质、核酸、酶结构的破坏，特别是膜脂发生过氧化作用，其产物丙二醛（MDA）的产生，促进了膜脂过氧化，加速了果实衰老（杨书珍等，2001）。

关于活性氧对果实衰老的影响机制，徐晓静（1994）研究桃、李的成熟特性时指出，H_2O_2、转化为羟自由基导致膜质过氧化加剧是果实成熟衰老的重要原因。Elstner 等认为，H_2O_2 本身对许多有机物不起反应，但通过 Haber-Weiss 反应或 Fenton 反应形成的 ·OH 是生物体内最强的氧化因子，可以启动膜质过氧化作用并导致膜结构的破坏。长期以来，H_2O_2 被认为是对植物细胞具有毒害作用的代谢产物，然而近年来 H_2O_2 作为植物细胞内的一个信号分子越来越受到人们的关注，H_2O_2 信号转导作用已经被越来越多的实验所证实（Neill，2002）。H_2O_2 分子结构简单，是最稳定的活性氧，氧化活性比其他活性氧温和，在受到低温、干旱、高盐等环境胁迫时迅速产生，并能够通过跨膜运输的方式在细胞之间扩散和代谢，这些特性使它具备了其他活性氧不可比拟的信号分子的作用（Neill，2002）。因此，H_2O_2 甚至被称为"可移动的信号分子"（Neill，2002；Karpinski，1999）。在 ABA 诱导气孔关闭的过程中，研究发现了过氧化氢酶相关基因的表达，表明 H_2O_2 可能是信号转导链的一个中间环节。在植物的抗性反应中发现，作为细胞间和细胞内的关键信号 H_2O_2 与植物病原微生物的超敏反应（hypersensitive response，HR）相关联。但是，H_2O_2 作为信号分子在果实成熟衰老过程中的调控模式及机理尚不清楚。

而在乙烯的形成过程中，活性氧是一个重要的影响因素。自 Liberman 在 1979 年提出自由基参与乙烯的形成后，很多研究者在这一方面进行了深入的研究，目前主要有三种观点。第一种观点认为，O_2^- 激发 ACO，从而促进乙烯形成（Apelbaum，1981），而乙烯的释放反过来又促进线粒体中 O_2^- 的产生，柯德森等（1997；1998；1999）认为香蕉成熟过程中 O_2^- 能引起乙烯合成酶活性及乙烯产生的迅速上升。第二种观点认为，·OH 直接作用于甲硫氨酸（Met）而产生乙烯（Lawrence，1985；Youngmen，1985），而其他自由基（如 O_2^-，H_2O_2 等）影响乙烯的生成可能是通过 Fenton 反应和铁催化的 Haber-Weiss 反应生成·OH 而实现的。任小林（1991）在杏上研究表明，杏果实成熟过程中积累的 H_2O_2，通过刺激乙烯生成而促进果实衰老。因此可以认为，H_2O_2 可能通过转化为羟自由基对乙烯形成产生促进作用，而 O_2^- 直接参与了乙烯的形成。第三种观点认为，氧自由基不参与乙烯的形成（Yang，1967；1969），不过现在持这种观点的人已经越来越少。

脂氧合酶（LOX）又称脂肪氧化酶，是一种非血红铁蛋白，专一催化分子中含顺，顺 - 1，4 戊二烯结构的多不饱和脂肪酸的加氧反应。其主要底物是亚油酸和亚麻酸，主要产物是过氧氢基脂肪酸，氧化产物——氢过氧化物参与组织的衰老进程。LOX 形成活性氧，刺激膜质过氧化物，导致膜衰老。LOX 促进衰老的可能机理包括：①启动膜质过氧化作用，破坏细胞膜；②LOX 的脂质过氧化作用进一步生成茉莉酸（JA）和脱落酸。因此，是 JA 合成的关键酶，参与乙烯的生物合成

（陈昆松，张上隆，1998；生吉萍等，1999）。

许多研究表明，膜质过氧化是引起果实衰老的一个重要原因。其主要产物丙二醛（MDA）已经被作为判断果实膜质过氧化水平的一个重要指标。随着 MDA 积累，果实进入细胞功能紊乱状态，细胞结构被破坏，加速了细胞的衰老死亡。潘东明报道，果实发生冷害时，膜质过氧化加剧，MDA 含量显著增加。在香蕉、桃、苹果、紫花芒果、杏、杨梅等果实上均有 MDA 在果实衰老期间增加的报道。Shewfelt 等人认为果蔬贮藏期间一些生理失调的共同点可能是膜质过氧化，这可能是植物细胞对外部胁迫做出反应的结果，最终使膜的完整性被破坏而导致果实衰老。但同时也可能成为人们控制果实生理失调的切入点。

2. 果实成熟衰老过程中的活性氧清除系统

在正常生理情况下，尽管活性氧在植物体内不断产生，但由于机体活性氧清除系统的降解作用，它并不会在植物体内积累而造成氧化伤害。植物体内活性氧的清除由酶促清除系统和非酶清除系统来完成的。这两类活性氧清除系统的活性和含量随外界不良环境的变化而发生改变，同时与活性氧积累有关。因此，清除机体内的活性氧成分是维持植物正常代谢的重要一环。清除活性氧的清除剂主要包括两类：即保护酶系统和非酶保护系统。

在植物体内，酶促清除系统对活性氧的清除起着至关重要的作用。细胞的酶促清除系统包括 SOD、CAT、POD、抗坏血酸过氧化物酶（APX）、谷胱甘肽过氧化物酶（GSH-Px）和谷胱甘肽还原酶（GR）等（增广义，1998）。

SOD，几乎存在于高等植物的所有部位，分布于细胞溶质、叶绿体、线粒体中，其主要功能是清除 O_2^-，其作用机理是发生歧化反应，生成无毒的 O_2 和毒性较低的 H_2O_2，后者再被 CAT 或 POD 分解为 O_2 和 H_2O，从而最大地限制 O_2^- 和 H_2O_2 反应生成 $\cdot OH$ 的能力（王建华，1998）。SOD 是一种典型的诱导酶，环境的活性氧含量影响着组织内 SOD 活性水平，当生物体内活性氧含量上升时，就会诱导 SOD 这类氧化酶活性的上升。黄昀等（2004）发现柑橘 SOD 活性升高峰滞后于活性氧峰值。果实组织内 SOD 活性下降，MDA 上升，意味着组织内膜质过氧化作用的加强与清除活性氧的能力下降有关（关军锋，1991）。但也有研究证实 SOD 的活性随果实成熟衰老而下降（林植芳，1998；王贵禧，1995；史国安，1997；关军锋，1996）。

POD，是一类比较复杂的酶，它在果实成熟与衰老过程中的作用尚未研究清楚。一些研究结果表明，POD 在果实成熟与衰老中可以参与细胞壁的形成（Lamport，1986）、细胞壁的可塑性变化（杨剑平等，1996）、IAA 的降解、果肉木质化和花色素的降解（肖红梅等，1996）等生理过程。此外，POD 能促进膜质过氧化从而促使果实风味丧失。在采后处理和加工过程中，机械伤害也诱导 POD 活性增加（Miller，1989）。目前对 POD 在果实成熟衰老中的作用大致有两种观点：一种认为 POD 作为机体的一种伤害机制对衰老起促进作用，并认为 POD 活性可以作为果实后熟和衰老的一个参数（吕昌文，1994）。随着果实的成熟与衰老，POD 活性上升，在桃（杨剑平，1996）、草莓（关军锋，1997）、芒果（戴宏芬，1999）、猕猴桃（吕均良，1993）、芹菜（李拖平，1995）、番荔枝（陈蔚辉，2000）、梨（Lentheric et al，1999）、杏（任小林，

1991)、月季（薛秋华，1999）、荔枝（林植芳，1988）、胡柚（陈昆松，1995）等上研究均有 POD 随果实成熟衰老活性上升或后期上升的趋势。另一种观点则认为在果实成熟和衰老过程中，POD 与 CAT、SOD 协同作用清除活性氧，对衰老起抑制作用。在苹果（关军锋，1996）、杏（任小林，1991）、鲜枣（寇晓虹，2000）等上研究表明，在果实衰老过程中 POD 呈下降趋势。锦橙、菠萝、甜橙（聂华堂，1990）贮藏期间果皮 POD 活性有一个升高过程，此后下降，贮藏中期活性变化缓慢，贮藏后期迅速升高。

CAT，主要定位于过氧化氢体中，它能够分解组织内高浓度的 H_2O_2，从而使 H_2O_2 被控制在较低的水平，降低其产生的·OH 对机体造成的伤害。果实成熟与衰老过程中，CAT 活性呈下降趋势或初期升高之后下降。寇晓红（2000）在枣上的研究表明，CAT 在果实的衰老过程中有两个活性高峰，因此提出：第一个高峰为果实成熟的标志，第二个高峰标志果实的衰老。关军锋在红星苹果上的研究表明 CAT 活性在早期略有升高，之后下降，并认为 CAT 活性升高对减少早期 H_2O_2 的积累有一定作用，H_2O_2 也有促进 CAT 活性的效果，可能由于早期细胞间区域化完好，CAT 定位于过氧化氢体内，对过氧化氢体内的 H_2O_2 有清除作用，其他部位的 H_2O_2 也可扩散到过氧化氢体中被 CAT 清除。后期随着膜透性的增大，细胞器的破坏，CAT 清除 H_2O_2 的能力下降。

APX 和 GR 是抗坏血酸 – 谷胱甘肽（AsA-GSH）循环的关键酶。高等植物叶绿体中含有较高的 APX，经 AsA-GSH 循环分解 H_2O_2。在此循环中，经 APX 作用，AsA 形成脱氢抗坏血酸（DHA），后者又被 GSH 还原，接着 GSSG 经 GR、NADPH

的作用，还原成 GSH。通过此循环，清除了叶绿体内大量的 H_2O_2。

GSH-PX 是一种保护酶，它不仅能清除 H_2O_2，而且还能使膜质过氧化产物转变为正常的脂肪酸，从而阻止膜过氧化连锁反应所造成的损伤和过氧化产物积累引起的细胞中毒。它是一种含硒酶，赵林川等（1996）人发现硒处理可以延缓叶片衰老，可能与提高 GSH-PX 活性有关。其主要作用在于清除组织内产生的过氧化物，保护生物膜尤其是线粒体的结构和功能。果实中是否普遍存在 GSH-PX 还是一个值得研究的问题。

3. 非酶促清除系统

非酶促清除系统包括细胞色素 f（Cytf）、GSH、AsA（Vc）、V_E、甘露醇、类胡萝卜素（CAR）等（曾广文，1998）。

V_E 是自由基捕捉剂，通过与 O_2 结合和不可逆氧化，清除膜环境中的单线态 $^1O_2$。另外，V_E 也提高 SOD 活性，以增强防御能力（宋纯鹏，1993）。V_C 和 V_E 的相对含量决定着植物对氧化伤害的敏感程度，V_C/V_E 在 10～15∶1 范围内可有效地防止过氧化伤害（吴相钰，1996）。大量的证据表明 V_C 和 V_E 在所有生物膜中主要功能是作为高度有效的反应链的终点，清除膜质过氧化过程中产生的多不饱和脂肪酸（PUFA）自由基，如 ROO·、RO· 等。

AsA 是 O_2^- 和 ·OH 的有效清除剂，同时也是 $^1O_2$ 的猝灭剂。AsA 还可将 V_E 自由基还原为 V_E，并通过协同效应影响 AsA 的抗氧化作用。GSH 抑制自由基的形成归功于巯基的氧化，该反应由 GSH-PX 催化，GSSG 又可被 GR 还原成 GSH（方允中，1989）。CAR 能有效地清除包括 ·OH 在内的其他高反应活性氧。在衰老组织中，CAR 的含量下降（季作梁，1998）。

抗坏血酸－谷胱甘肽循环能有效清除细胞内代谢产生的 H_2O_2（Du，1994）。谷胱甘肽还原酶（GR）不受衰老的影响（Jimenez，1997）。衰老仅能微量增加抗坏血酸的含量，而谷胱甘肽的含量则可增加 20 倍。当衰老加剧时，抗坏血酸-谷胱甘肽循环在清除过氧化物体 H_2O_2 上显得尤为重要，因此此时 CAT 活性降得很低。

二、植物激素调控果实成熟衰老

植物激素（plant hormones 或 phytohormones）是指在植物体内合成的，可以移动的，对生长发育产生显著作用的微量（1μmol/L 以下）有机物质。至今已发现，并被公认的植物激素有五大类：生长素（auxin）类、细胞分裂素（cytokinin，CTK）类、赤霉素（gibberellin，GA）、乙烯（ethylene，ETH）和脱落酸（abscisic acid，ABA）。一般来说，前三类是促进生长发育的物质，脱落酸是一种抑制生长发育的物质，乙烯主要是促进器官成熟的物质。

近年来，随着对果实完熟生理研究的深入，人们越来越认识到果实的后熟衰老是一个由基因调控的过程，这个过程为植物激素和其他的未知因素的启动。而植物激素对果实后熟衰老进程的调控又是一个比较复杂的过程，该过程不仅仅取决于某一种激素的消长和其绝对浓度的变化，内源激素间的相互平衡及相互间的协同作用更为重要。

1. 生长素与果实成熟衰老

IAA 是高等植物体内最主要的生长素，其主要功能是促进植物生长、促进细胞分裂和分化以及叶和果实脱落、刺激乙烯产生和刺激果实发育等，但其对果实的成熟衰老的调控作用还不明确。许多研究表明，在果实的后熟过程中，完熟前 IAA 的含量持续下降，直至最低水平。陈昆松等（1997）测得猕猴桃果实采后内源 IAA 的含量随着后熟进程显著下降，随着 IAA 水平的不断下降，出现乙烯跃变。因此，Biale（1980）认为一些果实在完熟之前，IAA 必须先经氧化，使其浓度降低后，果实才能完熟。

周丽萍等（1997）认为 IAA 水平的下降，可导致细胞对乙烯更为敏感，但在果实完熟后期，IAA 又有一个上升的过程。阮晓等（2000）在香梨果实后熟 IAA 变化的研究中发现，采后呼吸跃变前未完熟果实 IAA 降到最低水平，采后 26d IAA 上升至采后第一峰，此时果实趋于完熟。张志华等（2000）在核桃的青皮与种仁中也发现了类似的变化。这可能是由于果实完熟启动后，果实自身所发生的一种拮抗反应，但为时已晚，仍难以逆转已经启动的衰老过程。

Yang 等（1984）认为 IAA 的作用具有双重效应，一方面可直接调节组织对乙烯的响应，与乙烯起相反的作用；另一方面又参与了诱导乙烯，促进完熟。陈昆松等（1999）研究发现，用 IAA 处理猕猴桃果实能够促进内源 IAA 的积累，使内源 ABA 的水平下降，并推迟内源 ABA 峰值的出现，从而延缓了果实的后熟软化。田建文等（1994）也认为低浓度的生长素可抑制叶绿素分解、果肉软化、呼吸上升及组织对乙烯的敏感性，而高浓度则可刺激乙烯的产生和果肉的成熟。缪颖等（1992）用石灰水加 IAA 处理水蜜桃于自然状态下贮藏 10d 后发现，石灰水加 IAA 处理的好果率比未处理提高了 142.8%，比石灰水处理提高了 78.9%。欧毅等（1996）在葡萄上用相似的处理也得到了类似的结果。IAA 对果实后熟衰老的调控关系还比较复杂，影响因素还很多，还有待进一步深入研究。

2. 赤霉素（GA₃）与果实成熟衰老

赤霉素具有延缓果实衰老的作用。一方面，赤霉素可以改变果实着色。Gross（1984）在 GA₃ 对柿果着色影响的研究中，发现 GA₃ 不仅抑制了果皮叶绿素的分解及胡萝卜素的合成，而且影响到胡萝卜素的组成，使有色胡萝卜素所占比例减少，叶绿体、胡萝卜素所占比例增加。刘淑娴等（1994）研究发现，三华李采后用 GA₃ 处理，抑制了苯丙氨酸解氨酶的活性，推迟了多酚氧化酶的高峰出现时间，维持了果实较低的花色素苷和总酚水平，从而延缓了果实的色泽转化和果心褐变发生。另一方面，赤霉素处理还可以抑制果实的呼吸作用和乙烯释放。周丽萍等（1997）发现，GA₃ 处理可抑制葡萄的呼吸作用，处理后 18h 抑制作用最强，其呼吸速率是对照的 52%，同时 GA₃ 对葡萄的乙烯释放也有一定的抑制作用。

阮晓等（2000）认为相对生长发育期间高水平的 GA₃，及采后 GA₃ 骤减至低水平是果实成熟的必要条件。田建文等（1994）对火柿的 5 种内源激素作动态分析的结果表明，在贮藏过程中，GA₃、CTK、IAA 含量都呈逐渐降低的趋势，其中 GA₃ 变化最大，前三周降低一半以上。郑国华等（1991）在探讨温度对柿果成熟的影响时亦发现，因高温处理而使成熟受到抑制的果实中，内源 GA₃ 活性显著提高，低温处理则相反。此外，赤霉素还具有延缓杏（史国安，1997）、草莓（贺军民，1998）等果实完熟的效果。但潘东明等（1998）的研究结果显示，在采后用 GA₃ 处理蜜柚果实，不但没有抑制果实粒化的发展，反而促进了汁胞的粒化，柚类果实对 GA_3 的这种不同反应，可能与植物对激素的敏感性不同有关，同时也可能与其他内源激素浓度的变化有关。因此，赤霉素调节果实的后熟衰老仍有待进一步研究。

3. 细胞分裂素（CTK）与果实成熟衰老

CTK 能调节核酸及蛋白质的合成、抑制呼吸及其代谢，从而延迟机体的衰老过程。有关 CTK 在果实后熟衰老过程中变化动态研究得还不多，田建文（1994）认为细胞分裂素同赤霉素一样具有延迟果实成熟和衰老的作用，在果实贮藏过程中，CTK 的含量也呈逐渐降低的趋势。季作梁等（1996）试验结果表明，外源 CTK 在采后处理果实能抑制果实的呼吸作用，减少总糖、可滴定酸的消耗，这与延长果实的贮藏时间是紧密相关的。目前，已有关于外源 CTK 应用于蔬菜保鲜方面的报道，但在水果方面应用不多。

4. 脱落酸（ABA）与果实的成熟衰老

近年来，人们发现，不论呼吸跃变型果实还是非跃变型果实，在其成熟过程中，ABA 浓度均普遍升高。因此，ABA 对果实成熟的调控作用引起了植物生理学家和园艺学家的极大关注。

大量研究表明，ABA 的含量在许多果实的发育后期有一个明显的下降过程，而在其后的果实后熟衰老过程中，ABA 又有一个累积的过程，最后形成一个高峰，之后缓慢下降，表现出与跃变型果实中乙烯的变化规律相似。因此，有人开始认为 ABA 对果实的后熟衰老起着非常重要的促进作用，甚至于在有些果实上的作用比乙烯更大。Goldschmit 等（1973）认为：衰老组织中 ABA 的积累可能是对衰老诱导刺激物（Senescence-inducing stimuli）的反应，同时也可能是衰老进一步发展的"启动期"（trigger）。阮晓等（2000）研究香梨果实成熟衰老过程中 4 种内源激素的变化认为：ABA 于采收期（花后 100d）跃升出现一峰，而此时没有乙烯生成，因此 ABA 具有引起始熟的作用。李杰芬等（1987）研究也认为，在苹果的后熟衰老过程中，所采用的 3 个品种果实 ABA 含量达到高峰在时间上均比乙烯释放量的相应变化略早，故可认为苹果果实的后熟除乙烯起调节或促进作用外，ABA 可能也起着重要的调节或促进作用。张微等（1988）通过对巴梨成熟期间乙烯与脱落酸含量的变化研究发现，ABA 出现比乙烯早 8d，它在采后第 4d 已达高峰，乙烯在第 9d 才达到高峰，这与他们在杏、苹果、白兰瓜与麻醉瓜上取得的研究成果一致，因此他们认为 ABA 首先刺激了乙烯的生物合成，间接调节成熟。在非跃变型果实中，如葡萄在贮藏过程中，植物成熟激素乙烯对其衰老关系不大，而果粒 ABA 的含量对果穗衰老和果粒脱落有着密切的正相关性，无论是在室温下或低温下贮藏葡萄和鲜枣，贮期 ABA 含量变化均表现出由低到高再到低的抛物线形变化，ABA 尽管不导致呼吸高峰的出现，但贮期 ABA 峰值高的果实，呼吸强度高（张有林，2000；2002）。但也有不少研究认为果实完熟时乙烯起主导作用，ABA 的增加是乙烯生成的伴生现象。此外，ABA 可能刺激一些酶如纤维素酶（吴有梅等，1992）、苯丙氨酸解氨酶（PAL）活性（Kondo et al.，1998），并使 LOX 活性高峰提前（陈昆松等，1999）。根据对跃变型果实和非跃变型果实梨、香蕉、猕猴桃、柑橘等乙烯、ABA 和呼吸量的研究，认为 ABA 和完熟的关系没有乙烯和完熟的关系那么密切（丁长奎，1990）。关于 ABA 在果实成熟衰老过程中的作用还需进一步研究。

5. 乙烯与果实成熟衰老

乙烯是一种成熟衰老激素，在果实、蔬菜、花卉的成熟衰老过程中起着重要的作用。1962 年，Burg 确认乙烯释放量的增加出现在跃变型果实的呼吸跃变和成熟之前，Anita 等（1998）检测到桃果实进入成熟时乙烯释放量比成熟前增加 10 倍。使用乙烯拮抗剂 CO_2 或减压去除乙烯能延缓果实成熟（薛梦林，2003）。用氨基乙氧基乙烯基甘氨酸（AVG）处理桃果实，乙烯生成下降，果实成熟衰老进程被延缓（Byers，1996）。乙烯影响果实成熟过程中核酸代谢、酶活性、激素水平、呼吸等生理过程，诱导果实软化、色泽转变等（杨书珍，2002）。

根据前人研究的成果，乙烯作为成熟衰老激素的主要证据有以下几个方面：

1）跃变型果实中乙烯生成增加与呼吸强度上升时间大体一致，这在许多跃变型果实上均已得到证实。

2）外源乙烯处理可以刺激果实成熟和切花衰老。高经成（1993）等用 100mg/g 乙烯处理牛心柿明显促进果实成熟。橄榄果实使用外源乙烯处理后成熟加快。商业上常用乙烯催熟橡胶。

3）除去果实中的乙烯可以抑制成熟。冯秀香等对桃进行减压处理延缓了衰老。Burg（1963）、黄森（1996）的研究结果也证明了这一点。具有良好吸附效应的乙烯吸附剂已经在商业上应用。

4）乙烯合成抑制剂 AOA、AVG 处理能延缓成熟。使用水杨酸也可以有效地抑制苹果内源乙烯的生成。

5）乙烯作用拮抗剂 Ag^+、CO_2、1-MCP、冰片二烯（NBD）等能抑制果实成熟衰老。

Biale（1980）认为，可根据果实采后成熟时有无呼吸跃变现象这一特点，将果实分为跃变型和非跃变型两大类。Mcmruchie（1979）等提出跃变型果实中乙烯生成有两个调节系统：系统 I 负责跃变前果实中低速率的基础乙烯生成，系统 II 负责跃变时成熟过程中乙烯自我催化大量生成，而非跃变型果实乙烯生成速率相对较低，变化平稳，整个过程中只有系统 I 活动（系统 II 不参与）。因此，跃变型果实的乙烯生产与呼吸跃变有着相似的模式，即有一个明显的上升期和生产高峰，只是在时间进程上，各果实品种间可有所不同，而非跃变型果实的内源乙烯水平一直维持在很低水平，没有产生上升跃变现象。

乙烯在跃变型果实成熟过程中起着非常重要的作用。在跃变型果实中，完熟前大量释放的乙烯是由系统 II 合成的，它既可以随果实的自然完熟而产生，也可被外源乙烯所诱导，跃变型果实系统 II 乙烯未产生时，果实中的 ACS 或 ACO 的活性都很低，用乙烯处理这种果实后，ACS 或 ACO 的活性会很快增加，随后产生系统 II 乙烯（丁长奎，1990）。在成熟过程中，果实对乙烯的敏感性在发生变化，果实不同对乙烯的敏感性也是不同的。另外，乙烯也能刺激非跃变型果实的完熟，但对完熟的起始并无明显的作用。

三、果实成熟衰老过程中的脂类代谢

果实后熟时，总磷脂、糖脂降解，二脂甘油、三脂甘油增加，游离甾醇/磷脂（FS/PL）的比值升高，同时，伴随着膜透性增大，质膜 H^+ – ATPase 活性下降，其中 FS/PL 比值同膜流动性呈负相关关系。

番茄果实成熟始期，磷脂酶（phospholipase）活性增加，然后缓慢下降。Rin 突变型果实的磷脂酶活性总是高于正常型品种（Rouet-Mayer *et al.*，1995），但果实衰老时，膜中磷脂酶 D 下降（周玉婵，潘小平，1997；Suttle，1980）。耐贮的甜瓜具有高水平的不饱和脂肪酸含量，甾醇和磷脂含量变化不大，膜透性较低；而不耐贮的甜瓜，磷脂显著降解，甾醇和成增强，脂肪酸饱和程度升高，膜透性较高（Lacan and Baccou，1996）。

衰老时，膜相由液晶态变为凝胶态，膜流动性下降，从而损伤膜蛋白的作用这一转变早于乙烯大量生成和脂膜透性明显增大，抑制乙烯生成时，抑制膜相转变（Faragher and Wahtel，1986）。因而膜的相变是衰老的早期事件，也可能是调节衰老的基本变化。

四、果实成熟衰老过程中细胞壁的变化

1. 细胞壁结构

高等植物细胞壁均由纤维素、半纤维素、果胶物质和糖蛋白等大分子物质组成。其中纤维素有线状的 β – 1，4 键连接的 D – 葡聚糖，占细胞初生壁物质的 20% ~ 30%。半纤维素是中性的木葡聚糖（XG）和酸性的阿拉伯糖，占壁物质的 30%。果胶分子是一条富含 A – （1→4）键连接的半乳糖醛酸线状键，其间插入一些鼠李糖单位和阿拉伯糖单位，果胶占壁物质的 35% 左右，糖蛋白主要是伸展素和凝集素类物质，占 5% 左右（Fischer，1991）。

2. 细胞壁物质的变化

软化是果实衰老的主要特征，细胞壁物质合成与分解在果

实软化中具有重要的作用（何开平等，2002）。人们对果实成熟衰老中细胞壁物质变化的研究较多（陆胜民等，2001）。许多果实软化时表现出可溶性果胶增加，Na_2CO_3 溶性果胶减少，果胶中的半乳糖减少。另外，细胞壁中果胶中多糖分子量变小，由大聚合体变为小聚合体。木葡聚糖分子质量变小，同时，组成半纤维素的多糖也由大分子质量转变为小分子质量。最近，Tu 等（1997）借助光学显微镜证明，随着果实后熟衰老，细胞壁中胶层分解率增大。电镜观察证明，细胞壁中果胶层退化是导致许多果实果肉软化和败絮的主要原因（李艳秋等，2006）。

3. 细胞壁水解酶

细胞壁水解酶在果实的软化中的作用主要是分解细胞壁物质。细胞壁水解酶如纤维素酶（Cx）、多聚半乳糖醛酸酶（PG）、果胶甲脂酶（PME）、果胶脂酶（PE）被认为是参与果实软化的酶类。

1）纤维素酶（Cx）

纤维素是细胞壁的骨架物质，它的降解意味着细胞壁的解体和果实软化（Huber，1983）。纤维素酶对羧甲基纤维素、木葡聚糖和具有葡聚糖结构的物质表现活性，因此有些文献称为葡聚糖酶。纤维素酶在不同果实软化中起的作用不同，在桃、番茄、李果实成熟软化过程中纤维素酶起主要作用（茅林春和张上隆，2001），在鳄梨（Awad and Young，1979）果实成熟软化过程中纤维素酶起关键作用。

2）多聚半乳糖醛酸酶（PG）

PG 在细胞壁结构的改变中起重要作用，它可以催化果胶分子中 1，4－2－D－半乳糖苷键的裂解，生成低聚的半乳糖醛酸，导致细胞壁解体，果实软化。以多聚半乳糖醛酸酶对底物的作用方式不同把多聚半乳糖醛酸酶分为 3 种：内切多聚半乳糖醛酸酶（endo – PG）、外切多聚半乳糖醛酸酶（exo – PG）和寡聚半乳糖醛酸酶（oligo – PG）（Markovic，1975）。前者以内切方式随机从分子中间割断多聚半乳糖醛酸链，而后两者以一种外切方式有顺序地从半乳糖醛酸多聚链或寡聚链的非还原端释放出 1 个单体或 1 个二聚体。

PG 是果实软化的主要酶类，这在苹果、梨、香蕉等果实上都得到证实。虽然 PG 在果实软化中起重要作用，但有试验表明（Giovannoni et al.，1989），PG 并不是果实成熟软化的主要因素。PG 编码基因的获得和反义 RNA 技术的应用也证明了PG 在果实成熟和软化过程中并不起主要作用。

3）果胶脂酶（PE）

PE 广泛分布在高等植物的组织中，在大多数组织中是以多重形式存在的。研究者曾认为 PE 并不是果实软化中关键的酶，但这并不能消除该酶参与了果实软化的可能性。现在一般认为，PE 的作用是去除果胶分子链上半乳糖醛酸羧基上的酯化基团（主要是羟甲基或羟乙基），增加果胶在水中的溶解度，从而造成适于 PG 作用的条件（Huber，1983），同时 PE 还具有其他生理作用。PE 的基因反义转入植株后，植株的生长和发育没有明显的不同，只是 PEMEU1（番茄中的 PE 基因）mRNA 含量有所降低，果胶的分子量较对照高，且果汁中醛酸含量较对照高出了 30% ~ 50%，甲基化程度增加了 25% ~ 250%（Gaffe et al.，1997；Thakur et al.，1996）。这从分子水平证明了 PE 的作用。

4）β - 半乳糖苷酶

近年来，人们又发现一种细胞壁水解酶，β - 半乳糖苷酶，它的作用比其他细胞壁水解酶的作用更为重要。Bartley（1974）认为苹果后熟 β - 半乳糖苷酶的存在是细胞壁半乳糖含量下降的原因。Veau 等（1998）证明 β - 半乳糖苷酶可以从细胞壁中切除半乳糖碱基，对果胶具有降解和溶解作用。Sozzi 等（1998）证明 β - 半乳糖苷酶 mRNA 的积累与乙烯的自我活化过程相一致，而外源乙烯促进 β - 半乳糖苷酶的合成，提高其活性，并诱导其基因表达。现已知编码 β - 半乳糖苷酶的基因家族中至少有 7 个成员（David et al.，2000）。

5）木葡聚糖内糖基转移酶（XET）

XET 是一种新发现的能引起细胞壁膨胀疏松并与果实软化有关的酶。木葡聚糖是双子叶植物细胞初生壁的主要半纤维素多糖，它紧密地结合到纤维素的微纤维上，并通过束缚相邻的微纤维，对细胞壁的膨胀起限制作用。XET 作用于木葡聚糖时，由于其具有内切和连接的双重效应，可把切口新形成的还原末端与另一个木葡聚糖分子的非还原末端相连接，且这一过程是可逆的，这对细胞壁的膨胀疏松起重要作用。XET 在果实成熟衰老中的作用首先是使连接纤维纤丝间的木葡聚糖链解聚，进而使木葡聚糖链发生不可逆破裂。XET 作为一种新发现的细胞壁疏松酶，其对果实后熟软化的作用还需要进一步研究。

第四章

脂氧合酶与果实成熟衰老
的研究现状

一、脂氧合酶途径

脂氧合酶途径，简称 LOX 途径，是脂肪酸氧化的途径之一。高等植物的脂肪酸氧化有 4 个途径，即 α 氧化、β 氧化、γ 氧化和 LOX 途径。LOX 途径是指多不饱和脂肪酸在有氧条件下经脂氧合酶催化生成氢过氧化物，再经一系列不同的酶的作用最终生成具有一定生理功能的化合物。在高等植物体内 LOX 途径多以十八碳酸为初始底物，因此又称十八碳酸途径，动物体内则以花生四烯酸为初始底物故称二十碳酸途径。由于 LOX 途径的初始底物脂肪酸来自经脂肪酶或水解酶水解的甘油酯，因此，广义上的 LOX 途径还包括甘油酯的水解过程，而狭义上的 LOX 途径则是从脂肪酸氧化开始的。动物、植物体内的脂氧合酶途径见图 4 - 1。

典型的 LOX 是每 1.0 mol 酶含有 1.0 mol 的非血红素铁，LOX 以其氧化态（Fe^{3+} 形态）参与催化氧化过程。LOX 可以自我活化（self-propagating），即可被其催化产生的脂质过氧化物活化或氧化，但当脂质过氧化物浓度很高时，也会导致 LOX 的自我毁坏。$LOX - Fe^{3+}$ 首先与底物亚油酸或亚麻酸结合，以立体特异性的方式。催化脱除 C11 亚甲基上的氢原子，并进行重排反应，产生 C13（如大豆 LOX -1）或 C9（如大豆 LOX -2, 3 和其他一些 LOX）脂肪酸自由基，同时 LOX 被还

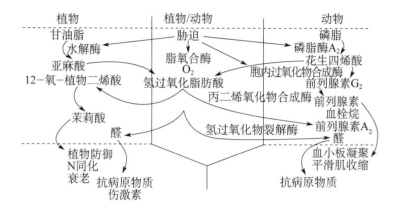

图 4 - 1　动物、植物体内的脂氧合酶途径（摘自 Gardner，1995）

Fig. 4 - 1　The model of the lipoxygenase pathway on plants and animals（Adopted from Gardner，1995）

原成 Fe^{2+}，形成 LOX - 脂肪酸自由基复合体，随后 LOX - 脂肪酸自由基复合体与 O_2 反应生成脂质过氧化自由基。若在厌氧条件下，则是从 LOX - 脂肪酸自由基复合体中释放出脂肪酸自由基，这一反应发生在亚油酸的氧化过程，在亚麻酸的氧化过程也可能发生，这就是 LOXs 的脂质过氧化氢酶反应，产生脂肪酸二聚体和氧化二烯酸（见图 4 - 2）。LOX 初始反应的最后步骤是氢过氧化脂肪酸自由基还原成氢过氧化脂肪酸（如13 -（S）- 过氧化氢 - 9 - 顺 - 11 - 反 - 十八烯二酸），同时 LOX 被氧化成 Fe^{3+} 形态。上述反应过程中，氢原子的脱除是一个限制性步骤。在高等植物中，LOX 反应产物氢过氧化脂肪酸可通过 1～2 个途径进而被代谢。一个途径是氢过氧化物裂解酶催化裂解13 - 氢过氧化亚油酸获 13 - 氢过氧化亚

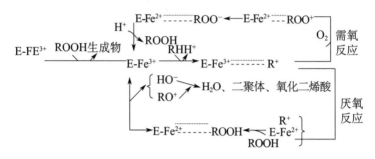

图4-2 LOX途径

Fig. 4-2 Model of lipoxygenase pathway of plants

麻酸，生成12碳化合物（12-氧-顺-9-十二烯酸）和6碳醛（己醛或顺-3-己烯醛），己醛与食物的异味有关，即使在很低浓度（如5μg/kg）便可产生强烈异味。12-氧-顺-9-十二烯酸和顺-3-己烯醛经异构化反应形成更为稳定的12-氧-反-10-十二烯酸和反-2-己烯醛。己醛和己烯醛通常可在乙醇脱氢酶作用下转化成相应的醇；顺-3-己醇和反-2-己烯醛分别称为叶醇和叶醛，它们与叶片的青草味有关。12-氧-反-10-十二烯酸成为创伤激素（wound hormone）或愈伤素（traumatin），它可被非酶氧化生成反-2-十二烯酸，即创伤酸（traumatic acid）。另一条途径（至少对于亚麻酸）是氢过氧化脂肪酸在氢氧化物脱氢酶催化下转化成丙二烯氧化物，丙二烯氧化物水解产生乙酮醇；丙二烯氧化物也可进行重排和环化反应，生成12-氧-顺，顺-10，15-植物二烯酸，继而经一系列反应生成茉莉酸（JA）（见图4-3）。

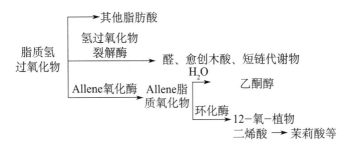

图 4 - 3　脂质氢过氧化物的代谢途径（摘自陈晶，2002）

Fig. 4 - 3　Metabolic pathway of lipoxygenase hydroperoxide（Adopted from chen，2002）

二、脂氧合酶的生化特性

　　大豆 LOX 研究最清楚，就目前所知，大豆种子中的 LOX 具有 3 种同工酶类型，即 LOX1、LOX2、LOX3。Andrehou（1932）首先发现大豆豆腥味的产生是由于多元不饱和脂肪酸的酶促氧化所致，其中关键酶为 LOX。由于 LOX 在催化反应中，不仅生成具有共轭双键的过氧化氢物，还继续分解产生醛、酮等具有挥发性物质，使豆品产生腥味。通过对分离得到的大豆子叶 LOX 的研究，发现每个 LOX 是一条 Mr 为 96 000 左右的多肽，每个多肽中含一个铁原子。有实验证明，大豆子叶的 LOX 处于静止、无活性状态时，铁以 Fe（Ⅱ）态存在；当加入底物后，LOX 中的 Fe 处于 Fe（Ⅲ）态，使 LOX 具有催化活性。大豆种子中的 LOX 都是球形、水溶性蛋白。LOX1、LOX2、LOX3 的等电点分别为 5. 65、5. 85、6. 15。3 种同工酶的生化特性是：LOX1 的反应最适 pH 值在 9. 0 处，LOX2 在 pH6. 5 处，LOX3 在 pH7. 0 处（Axelrod，1981）。LOX1 对带电脂肪酸有明显的选择性，与亚油酸的反应产物几乎全是13－氢过氧亚油酸（95％）；LOX2对中性脂肪酸表现更强的活性，与亚油酸的反应产物为9－氢过氧亚油酸、13－氢过氧亚油酸二者各占一半；LOX3与亚油酸的反应产物为9－氢过氧亚油酸（65％）、13－氢过氧亚油酸（35％）（Hsieh，1994）。除催化原初反应外，LOX还催化次级反应而形成脂肪酸的二聚苯和羰基二烯酸，类胡萝卜素的漂白即是由LOX次级反应实现的。目前，对植物LOX同工酶的生物化学和分子生物学特性已有了大体了解，但对LOX的分子结构还需作进一步的研究。

三、LOX在植物体内的时空分布

LOX在植物体内普遍存在，但是不同植物体内LOX的种类和活性不同；同一植物体内不同器官和组织中，LOX的种类和活性不同；即使是同一组织，具不同的生长和发育阶段，其LOX的种类和活性也有差异。如大豆种子中的LOX酶活力很高，而成熟的茶树种子中没有检测到LOX酶活力；大豆叶中LOX酶活力很高，而向日葵叶中的则很低；番茄的不同器官和组织，其LOX酶的活力也存在差异，成熟的番茄果实中的LOX酶活力显著地高于绿叶和未成熟果实中的LOX酶活力。番茄果实的不同发育时期，LOX活性不同。研究表明，Karuso番茄果实采后LOX在破色期（BR）果皮中的LOX活性最高，随着果实的成熟，LOX活性下降。

从成熟番茄果实中提纯的94kD的蛋白，发现其为番茄LOX家族中的一员。此蛋白随着果实成熟而积累，从绿熟期到完熟期，不同组织的94kD蛋白表达不同，以在成熟果实辐射壁中的表达最高。最详细地组织印迹法（tissue printing）做的免疫细胞定位说明，此蛋白积累的最高期在乳胶状物形成时；在番茄细胞溶质和细胞膜上都发现 LOX 的存在。

四、LOX 与成熟衰老之间的关系

1. LOX 途径中产生的脂质过氧化物和自由基对膜的损坏

大量试验结果表明，植物组织的衰老与生物膜的降解密切相关，膜完整性和功能的丧失是衰老初期的基本特征。细胞膜衰败过程包括了膜磷脂水解生成游离脂肪酸，脂肪酸组分中的不饱和脂肪酸发生过氧化作用，产生氢过氧化物和游离自由基。这些脂质氢过氧化物和自由基进一步毒害细胞膜系统、蛋白质和 DNA，导致了细胞膜功能的丧失和细胞的降解死亡，促使了果实成熟衰老和品质的下降。

脂质过氧化是组织衰老过程膜降解的主要机制，该过程有自由基的介入。LOX 及其氧化产物——氢过氧化物可能直接参与了组织的衰老进程。植物组织膜质过氧化作用的启动需要 LOX，LOX 过氧化产物（脂肪酸氢过氧化物）可导致组织衰老，其主要机制包括促进合成蛋白质酶类的失活，抑制叶绿体的光化学活性以及加速细胞膜的降解；LOX 催化多聚不饱和脂肪酸氧化过程产生的自由基也可加剧细胞组分的降解，促进组织衰老。外加高浓度的大豆 LOX 能导致豌豆叶绿体 MDA 积累和产生荧光性类脂褐素，一些抑制自由基链反应的抗氧化剂如 α-生育酚、没食子酸丙酯可抑制豌豆叶绿体 LOX 活性，说明 LOX 与自由基关联的叶绿体膜质过氧化作用有关，LOX 是叶片衰老过程中参与叶绿体膜结构和功能改变的一个不可忽略的因子。LOX 启动脂质过氧化反应的时间和程度，与其酶活性变化相比，酶作用底物的有效性显得更为重要，LOX 只在脂质过氧化启动时需要，一旦脂质过氧化反应启动后，LOX便会自我活化，而衰老过程膜磷脂的逐步降解，则是 LOX 底物有利脂肪酸的主要来源。

2. LOX 与乙烯的相互关系

植物组织把 1 – 氨基环丙烷基 – 1 – 羧酸（1 – Aminocyclo – propane – 1 – Carboxylic Acid，ACC）转变为乙烯完全依赖于 O_2，而乙烯的生物合成中有自由基和过氧化物参与。许多实验表明，LOX 次级反应中产生的超氧自由基介入了 ACC 生成乙烯的过程。据报道 LOX 的脂质过氧化产物参与了康乃馨花组织 ACC 向乙烯的转化过程，用 LOX 抑制剂处理微粒体，发现在抑制 LOX 活性的同时，脂质过氧化物和乙烯的生成减少，而反应液中添加 LOX 和 LOX 底物，均能促进乙烯的生成。1984年，Bonquest 和 Thimann 发现，在底物亚油酸和协同因子 Mn^{2+}、磷酸吡哆醛存在时，LOX 可在体外合成乙烯，提出 LOX 作为体内 ACO 的可能性。1986 年，Pirrung 重复了 Bousquet 的试验，并提出了 LOX 催化多不饱和脂肪酸氧化产生的超氧自由基，直接参与了 ACC 生成乙烯的过程。但是，在 1987 年，Wang 和 Yang 指出，体外的 LOX 系统尽管能将 ACC 转化为乙烯，但不能区别它的底物——AEC 的四种异构体：外源亚油酸之所以能引起乙烯的生物合成增加，是由于亚油酸增加了膜透性和外源 ACC 的吸收，活体内能将 ACC 转化为乙烯的仍然是 EFE，而并非 LOX。1995 年，单积修等用苹果作试材研究发现，在活体内 EFE 被抑制时，体内 LOX 系统仍能高效地合成乙烯。由此推论出，LOX 和 EFE 可能是生物体内存在的两个平行的酶系，两者均有合成乙烯的能力。1989 年，De Pooter H. L 等发现苹果贮藏过程中 LOX 活性增加与 ACC 积累、乙烯的生成呈正相关，LOX 启动果实成熟诱导系统Ⅰ乙烯产生，进而导致系统Ⅱ乙烯生成，加速果实成熟衰老。1997年，Kausch 和 Handa 在番茄果实中分离纯化了一个分子量为94kD 的蛋白质，此蛋白质在番茄果实成熟时大量积累。将编码该蛋白的基因进行 cDNA 分析，同时用该蛋白特异性抗体与大豆种子 LOX-1、LOX-2、LOX-3 基因编码蛋白及该蛋白与LOX-1 基因编码蛋白的特异性抗体做免疫杂交反应，证明它是LOX 多基因家族中的一员，该蛋白及编码此蛋白基因的 mRNA在发白期和红熟期达最大水平。另外，此实验使用两个突变体，一个是转入反义 ACO 基因的乙烯形成缺陷突变体，另一个是使乙烯下游传导受阻的乙烯感受缺陷突变体，实验表明乙烯形成缺陷突变体（nonripening）在果实发育的任何阶段均无该蛋白基因的表达，而乙烯感受缺陷突变体（Never-ripening）在该蛋白基因 mRNA 的积累量上与野生型相似，但是不产生分子量为94kD 的蛋白质产物，由此推断编码该蛋白的 LOX 基因受成熟过程的调控，乙烯在蛋白质的积累上起很大作用。另一个关于乙烯对番茄果实 TomloxA、TomloxB、TomloxC 基因表达的调控也表明乙烯的存在可影响基因的表达。1999年，吴敏等用"玉露"桃为原料，发现果实采后 2～3d 软化，乙烯生成量小，跃变期发生在软化后期，而 LOX 活性高峰先于乙烯。2000年，shang-J、Luo-Y 等对番茄果实不同成熟时期果实的不同器官中 LOX 的活性做了研究，得出以下结论：①转色期果皮的 LOX 活性达峰值，至红熟期 LOX 水平降至与绿熟期接近；果心处 LOX 活性变化小，无明显波动；乙烯在果皮和果心处的数量变化图形与 LOX 类似。②加入亚油酸（LA）或亚麻酸（LNA）促进乙烯的生成，而加入软脂肪酸或硬脂酸无此变化。③茉莉酸（JA）和愈创木酸（TA）可促乙烯的生成。④LOX抑制剂，丙基没食子酸（n-PG）、去甲二氢愈创木酸（NDGA）可抑制乙烯的产生，浓度越高抑制能力越强。此实验为说明LOX与乙烯的关系提供了有力证据。在研究LOX与乙烯关系的同时，也出现一些不同的意见，认为LOX与乙烯并不存在必然的内在联系，确切的定论还有待进一步研究。

许多研究者发现，跃变型果实在成熟过程中乙烯合成速率有明显的升高。在某些胁迫条件下，LOX能取代EFE将ACC转化为乙烯的发现，丰富了乙烯生物合成的理论，为探索控制果实成熟衰老机制提供了理论依据。LOX以及LOX途径代谢产物可以影响果实乙烯的生物合成，并可能在果实成熟过程中发挥重要作用。

3. LOX与茉莉酸和脱落酸的相互关系

茉莉酸类物质（Jasmonates，Jas）对植物衰老具有强烈的促进作用，它最初是在霉菌的培养滤液中发现的，它能促使植物呼吸放慢，叶绿素降解，气孔关闭，叶片脱落，并还伴随其他反应，如核酮糖-1，5-二磷酸羧化酶（RubpCase）降解，并阻碍其生物合成，促进蛋白（水解）酶、过氧化物酶的活性等，普遍认为JA是植物细胞衰老的启动因子。JA是由亚麻酸经LOX形成氢过氧化脂肪酸，通过外氧化合成酶、外氧化环化酶、还原酶、β-氧化酶的连续作用，再经一系列反应而形成的（Garnder，1995），LOX是这一过程的第一个酶，也是茉莉酸合成的关键酶。Bell等发现机械伤害可促使JA的积累，但在转LOX2基因的拟南芥中，LOX2的表达被严重抑制，机械刺激后该植株不再积累JA，说明机械伤害诱导的JA合成需要LOX2的存在。有研究报道LOX参与试管马铃薯的形成、膨大与成熟，其作用模式可能是通过改变 JA 含量来起作用（马崇坚，2001）。可见 LOX 在植物组织衰老过程中可能发挥着重要的作用（Todd，1990；Paliyath，1992；Kolomiets，1996）。

近年来人们强调 ABA 在果实成熟过程中的调控作用更为重要。不论在跃变型果实，还是非跃变型果实的成熟过程中，ABA 都起着重要的调控作用。有试验表明 ABA 含量的增加将会促进果实的成熟与植株的衰老，它可能是通过直接促进水解酶活性增加或促进乙烯的合成来间接地对果实成熟衰老发挥作用。Beaudoin 等（2000）报道若抑制 ABA 的合成则会导致乙烯生成量下降，果实成熟延后。而外源施加 ABA 可以提高乙烯的生成量（Creelman，1992）。Nojavan-Asghari 等（1998）的试验表明，LOX 能参与 ABA 的生物合成，它可催化紫黄质形成黄质醛，而后者为新黄质或紫黄质向 ABA 转化的中间体。Melan（1993）也持有相似的观点。通过 LOX 抑制剂的作用可减少 JA 的生物合成，同时显著减少 ABA 的积累。外源施加 JA 及 ABA 都能诱导 LOX 基因表达，并能提高 LOX 的活性（Siedow，1991；Nojavan-Asghari，1998；马崇坚，2001）。

陈昆松等（1997）报道，在失水激活的苹果根系 LOX 活性变化与 ABA 的累积过程一致，LOX 抑制失水诱导的 ABA 积累。外源大豆 LOX 能增加 ABA 含量（陈昆松，1999）。ATP 提高了粗提液 LOX 活性，蛋白激酶抑制剂抑制 LOX 活性，磷酸酯酶抑制剂对 LOX 活性有促进作用（Creelman，1992）。纯化的大豆 LOX 和苹果 LOX，使根系蛋白激酶活性升高，作用类似蛋白激酶的底物（陈昆松，1999）。失水引起活性氧早期升高，外源 H_2O_2 诱发 ABA 积累提高 LOX 和蛋白激酶活性及细胞内钙离子浓度,抗氧化剂就减弱失水对 ABA 的诱导。比如,Creelman 等(1992)报道,失水处理 15min 使根系蛋白激酶和磷酸酶活性升高,40min 后 ABA 快速积累;[32]Pi 活体标记后再失水处理 15min 后,[32]Pi 标记的产物高于对照,蛋白激酶抑制剂削弱失水处理下 ABA 的积累。这是阴离子通道抑制剂和钙离子螯合剂及其通道拮抗剂降低了失水对蛋白激酶和 LOX 活性及 ABA 的诱导(Rickauer,1997;Beaudoin,2000;Creelman,1992)。

4. LOX 与果实的成熟和衰老

按照呼吸类型,将果实分为跃变型果实和非跃变型果实两种。作为典型的呼吸跃变型果实的香蕉和桃,Maguwire 和 Haard(1976,1975),观察到它们的膜脂质过氧化作用增强,LOX 活性上升。有人发现辣椒也有此现象(Minguez-Mosquera,1993)。林植芳等(1988)以荔枝为试验材料进行的试验取得了同样的结果。苹果果实在成熟过程,LOX 的活性及脂质过氧化作用也大大增强(Lurie,1989;Marcelle,1989)。Zamora(1990)和罗云波(1994)对番茄的研究发现,番茄果实从绿熟期到转红期的成熟进程中,LOX 活性增加了 48%,外源 LOX 处理可增加果实组织的渗透率,加速果实的衰老。

对于 LOX 与跃变型果实的成熟和衰老研究居多,已发现随着果实的成熟和衰老,LOX 活性逐渐上升。而对于非跃变型果实成熟与衰老过程中的 LOX 活性变化情况研究较少。在以草莓为材料的研究中(单积修,1995),发现 LOX 活性在草莓成熟和衰老中活性显著增加,增加的快慢与品种特性有关。由此可见,LOX 在草莓等非跃变型果实的采后成熟衰老过程中也是一个非常活跃和关键的酶。

脂质过氧化物致果实衰老可以有几个机制：促进蛋白质的合成；叶绿体中光化学活化；细胞膜的毁坏。脂质过氧化物产生的自由基使膜完整性遭到破坏是果实成熟衰老的一个重要生理特征。膜上不饱和脂肪酸的氧化改变了膜的通透性，使细胞内 Ca^{2+} 浓度增高，在 Ca^{2+} 和调钙素（CaM）作用下，磷脂酶 A2 被激活，促使磷脂释放亚油酸和亚麻酸。在 LOX 作用下形成一系列自由基、乙烯、内源钙离子载体、茉莉酸（JA）等代谢产物。这些代谢产物可以被膜利用使总 Ca^{2+} 增加，并进一步诱导此循环致膜衰老，细胞内结构的区域化遭到破坏，胞质外流，导致一系列的代谢紊乱，生理失调。实验报道番茄采后初期 LOX 活性增加与果实成熟的启动和成熟衰老伴随膜功能的丧失有关。以甜瓜为原料加入抗氧化剂，甜瓜皮层亚油酸、亚麻酸含量与空白对照组相比明显减少，质膜完整性较好，LOX 活性降低。陈昆松等（1999）以猕猴桃为原料发现 LOX 活性随果实后熟过程持续上升，其活性与果实硬度呈显著负相关（r = −0.878 8）；生吉萍、罗云波（2000）等发现将 ACS 基因反向插入番茄得到乙烯合成缺陷型转基因番茄，果实绿熟期超氧化物歧化酶（SOD）、过氧化氢酶（CAT）、过氧化物酶（POD）、LOX 活性均较低，丙二醛（MDA）含量较高，放置至发白期 SOD、CAT、POD、LOX 活性增加，后三者达整个成熟衰老的最高值并随贮期延长而下降，MDA 至腐败期最高。

5. *LOX* 基因及其表达

人们已从拟南芥（Melan *et al.*，1993）、玉米（Shen *et al.*，1994）、砂梨（胡钟东，2007）、兵豆（Maccarrone *et al.*，

1995）、烟草（Veronesi *et al.*，1995）、黄瓜（Matsuik *et al.*，1995）等作物中克隆到了 *LOX* 基因，在番茄、猕猴桃（Zhang *et al.*，2008）、马铃薯（Droillard *et al.*，1993；Kolomiets *et al.*，2001）、烟草（Rayko and Baldwin，2003）等植物中分别克隆到了多个基因家族成员。

番茄的 LOX 家族成员在果实成熟过程中具有不同的表达模式。*TomloxA* 转录本水平在采后番茄果实成熟进程中持续下降，研究表明生长相关因子参与了该基因的表达调控（Griffiths *et al.*，1999a）。*TomloxB* 在果实生长发育进程中表达水平基本稳定；果实成熟进程中积累的乙烯和外源乙烯处理均可显著诱导其 mRNA 积累，但是在转基因果实和突变体中这种促进效应被延迟（Griffiths *et al.*，1999）。*TomloxC* 对乙烯敏感，mRNA 水平可被果实成熟进程中的乙烯诱导；在果实达到转色期阶段起表达水平也出现增强现象（Griffiths *et al.*，1999）。*TomloxD* 主要在叶片、萼片和花中表达，同时其表达可被机械伤所诱导，在绿熟果和转色果中也有微弱的信号（Heitz *et al.*，1997）。*TomloxE* 在成熟果实的转色期有表达信号并随成熟进程有增强趋势（Chen *et al.*，2004）。不同的表达模式和调控方式暗示着 *LOX* 基因家族成员在果实成熟进程中可能具有各自特异性功能。

Zhang（2006）等利用实时定量 PCR 方法分析猕猴桃 *LOX* 基因家族 6 个成员在果实成熟衰老进程中的表达，结果表明，*LOX* 基因家族成员在猕猴桃果实成熟进程中具有不同表达谱，乙烯参与其表达调控；AdLox 可加速烟草叶片组织的衰老进程，而 AdLox2 则没有显著效应；AdLox1 和 AdLox5 与果实成熟衰老相关（Zhang *et al.*，2006）。此外，人们相继从草莓

（CAE17327）和苹果（AAV50006）果实中克隆得到了 *LOX* 基因，但相关的基因功能研究未见报道。

转基因技术的应用为明确 LOX 在果实成熟进程中的作用提供了更为直接的证据。Chen 等（2004）构建了特异性抑制 *TomloxC* 基因表达的转基因番茄植株，研究发现己烯醛和己烯醇含量极显著下降，仅为野生型成熟果实的 1.5%。但将番茄的 *TomloxA* 和 *TomloxB* 表达水平特异性抑制 80% ~88%，成熟进程中果实的挥发性芳香物质含量并没有发生显著性改变（Griffiths *et al.*，1999）。*TomloxD* 虽然具有 13-LOX 活性，但主要在叶片中表达，并没有参与叶片和果实中己烯醛和几烯醇的生物合成；*TomloxE* 不直接参与成熟番茄果实中 C6 类芳香物质的合成（Chen *et al.*，2004）。综上所述，*TomloxB* 和 *TomloxC* 是番茄果实成熟衰老相关的特异性成员（Ferrie *et al.*，1994；Heitz *et al.*，1997）其中 *TomloxC* 参与了果实 C6 类芳香物质的合成（Chen *et al.*，2004）；*TomloxA* 可能在未成熟果实的防御反应中其作用（Griffiths *et al.*，1999a）；*TomloxD* 可能在叶片机械伤反应方面有作用（Heitz *et al.*，1997），而 *TomloxE* 的功能尚不清楚。

五、结语

LOX 在果蔬的成熟和衰老过程中起着非常重要的生理作用，是一类与成熟衰老有关的重要的酶。

LOX 参与果蔬成熟衰老的机制可以概括为：①启动了细胞内膜系统的脂质过氧化，导致了细胞膜透性的增加，加剧了细胞膜的降解。②脂质过氧化的产物对酶、DNA 等有活性的生物大分子有毒害作用，导致了细胞功能的丧失。③LOX 及其脂质过氧化的产物参与茉莉酮酸、脱落酸和乙烯等的生物合成，促进了组织的衰老。

随着分子生物技术、酶技术等在采后生理研究中的不断应用，LOX 在果蔬成熟和衰老过程中的生理作用会了解得越来越深入，它将为研究果蔬成熟衰老机制及调控成熟衰老进程提供新的途径。

第五章

黄瓜果实成熟衰老过程中
细胞微观结构变化

一、材料与方法

1. 试验材料

以黄瓜品种 D0313（早衰，第一雌花节位 3～4 节，叶片浅绿色，植株抗病性差）和 649（对照，第一雌花节位 4～5 节，叶片深绿色，植株抗病性强）为材料，种子由东北农业大学园艺学院黄瓜课题组提供。

2. 试验方法

取长势一致同一节位授粉后 20d（649：深绿色；D0313：浅绿色），30d（649：绿色；D0313：黄绿色），40d（649：开始变黄；D0313：黄色），50d（649：黄色；D0313：黄褐色）的黄瓜果实各 3 个，在每个果实中间部位切取果皮各 10 块，然后迅速将材料放在 2.5% 戊二醛（pH7.2）固定液中迅速固定，用真空排气法使材料沉入固定液中，在 4℃ 下固定 2h。磷酸缓冲液清洗，再用 1% 四氧化锇后固定。然后用不同浓度梯度的乙醇做脱水剂，从 50%—70%—95%—100% 进行脱水，转移至 100% 丙酮内，最后用 Epon812 环氧树脂浸透包埋。用 ULTRACUTE 型超薄切片机切片，经醋酸双氧铀 - 柠檬酸铅双重染色，在 JEM21200EX 型透射电镜下观察并拍照。

二、结果与分析

1. 黄瓜果实成熟衰老过程中果皮细胞壁的变化

在透射电子显微镜下观察，两个品种果皮细胞壁超微结构有明显差异（图5-1）。授粉后20d，649果皮细胞壁层次清晰，初生壁和次生壁结构致密，中胶层紧密，均匀而连续；D0313可见中胶层，但断续而不均匀，初生壁和次生壁结构较649松散。授粉后30d，649果皮细胞壁中胶层仍十分明显，但致密度降低，开始松散；D0313细胞壁中胶层已溶解消失，纤维结构松散紊乱，细胞壁明显膨胀增大。授粉后40d，649果皮细胞壁可见微弱的中胶层结构，但致密度已经很差，细胞

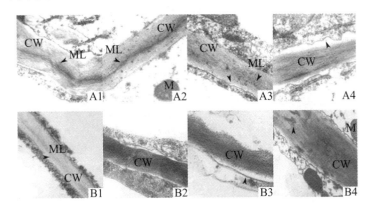

图5-1 衰老过程中黄瓜果皮细胞壁超微结构的变化

Fig. 5-1 Ultrastructural changes of cell wall of cucumber pericarp during senescence

CW：细胞壁；ML：中胶层；M：线粒体；箭头：变化明显部位；

A1～A4 "649" 果实分别在授粉后20d，30d，40d和50d果皮细胞壁的超微结构（×15 000）；B1～B4 "D0313" 果实分别在授粉后20d，30d，40d和50d果皮细胞壁的超微结构（×15 000）

CW：Cell wall；M1：Midle lamella；M：Mitochondria；Arrowhead：the visible changes

A1－A4：Ultrastructure of cell wall of '649' fruits at 20，30，40，and 50d respectively after pollination（×15 000）

B1－B4：Ultrastructure of cell wall of 'D0313' fruits at 20，30，40 and 50d respectively after pollination（×15 000）

壁边缘开始松散，初生壁的纤维开始松散；D0313 细胞壁已出现质壁分离现象。授粉后 50d，649 果皮细胞壁中胶层消失，细胞发生质壁分离；D0313 细胞壁膨胀解体，构成纤维素壁的微纤丝降解物扩散，细胞壁结构松散，呈现明显絮状。两个品种果皮细胞壁超微结构的改变与两个品种果实外部形态变化相同，D0313 果皮先开始变黄，而且变化速率也要快于 649。

2. 黄瓜果实成熟衰老过程中果皮细胞叶绿体结构的变化

在超薄切片中观察到的叶绿体呈长椭圆形，环绕在细胞内表面（图 5－2）。授粉后 20d，649 果皮细胞叶绿体为长椭圆形，被膜清晰，基粒片层类囊体膜叠垛整齐，基质片层与基粒片层紧密相连，整个叶绿体内部呈现一个完整的膜系统结构；叶绿体内部出现少量嗜锇颗粒；D0313 果皮叶绿体形状开始趋于圆形，被膜清晰，基粒类囊体开始膨大，基质片层与基粒片层连接不是很紧密，基质片层向两端拉伸，嗜锇颗粒数目比649 多。授粉后 30d，649 叶绿体仍为椭圆形，被膜清晰，基粒片层排列较整齐，基质片层向两端拉伸；D0313 叶绿体膨大呈圆形，基质片层由于叶绿体膨大而被拉长，并出现断裂，基粒片层变得膨大模糊并开始解体。授粉后 40d，649 果皮叶绿体外形开始膨胀，基质片层被拉长，出现断裂，基粒片层变得膨大并开始解体；D0313 果皮叶绿体进一步膨大变形，被膜凹凸不平，变得模糊，基粒片层松散，结构紊乱。授粉后 50d，649 果皮叶绿体膨大呈圆形，外膜模糊不清，基粒片层解体严重；D0313 果皮叶绿体变形严重，外膜解体破裂，嗜锇颗粒体积变大，数目明显增多，基质片层和基粒片层解体严重。叶绿体超微结构的变化与前面所测定的果皮叶绿素含量变化相同，当叶绿素含量急速下降的时间也正是叶绿体内部结构开始迅速瓦解的时间。而且，两个品种的比较结构也与两个品种间叶绿素含量的差异相同。

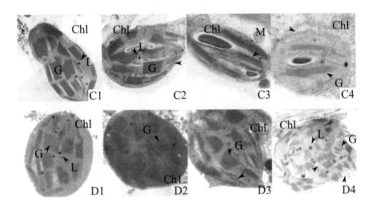

图 5 – 2　衰老过程中黄瓜果皮细胞叶绿体超微结构的变化

Fig. 5 – 2　Ultrastructural changes of chloroplast of cucumber pericarp during senescence

Chl：叶绿体；G：基粒；L：脂肪滴；M：线粒体；箭头：变化明显部位；

C1 ~ C4 "649" 果实分别在授粉后 20d，30d，40d 和 50d 叶绿体的超微结构（×25 000）；D1 ~ D4 "D0313" 果实分别在授粉后 20d，30d，40d 和 50d 叶绿体的超微结构（×25 000）

C1 – C4：Ultrastructure of chloroplast of '649' fruits at 20d, 30d, 40d and 50d respectively after pollination（×25 000）

D1 – D4：Ultrastructure of chloroplast of 'D0313' fruits at 20d, 30d, 40d and 50d respectively after pollination（×25 000）

Chl：Chloroplast；G：Granum；L：Lipid droplet；M：Mitochondria；Arrowhead：the visible changes

3. 黄瓜果实成熟衰老过程中果皮细胞线粒体结构的变化

授粉后 20d，649 果皮细胞中线粒体结构完整，双层膜结构清晰，内嵴数目众多；而 D0313 果皮细胞中线粒体结构与 649 授粉后 30d 果皮细胞中线粒体结构相似，线粒体结构完整，内嵴清晰（图 5 – 3）。授粉后 30d，D0313 线粒体内嵴已

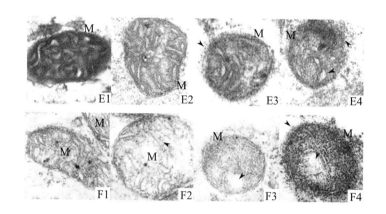

图 5 - 3　衰老过程中黄瓜果皮细胞线粒体超微结构的变化

Fig. 5 - 3　Ultrastructural changes of mitochondria of cucumber pericarp during senescence

　M：线粒体；箭头：变化明显部位；

　E1 ~ E4 "649" 果实分别在授粉后 20d，30d，40d 和 50d 线粒体的超微结构 （×40 000）；F1 ~ F4 "D0313" 果实分别在授粉后 20d，30d，40d 和 50d 线粒体的超微结构 （×40 000）

　M：Mitochondria；Arrowhead：the Visible changes

　E1 - E4：Ultrastructure of mitochondria of ' 649 ' fruits at 20d，30d，40d and 50d respectively after pollination （×40 000）

　F1 - F4：Ultrastructure of mitochondria of ' D0313 ' fruits at 20d，30d，40d and 50d respectively after pollination （×40 000）

开始模糊。授粉后 40d，649 果皮细胞中线粒体双层膜结构不明显，内嵴数目减少；D0313 线粒体内部结构开始解体，出现空洞。授粉后 50d，649 果皮细胞中线粒体外膜开始降解，内部结构变得模糊不清；D0313 线粒体结构丧失，外膜系统与内部结构完全降解。线粒体是个能量代谢的器官，它的结构变化应与果实呼吸速率的变化相关。从前面的分析看，线粒体内部结构发生严重改变的时间正是黄瓜果实出现小的呼吸峰的时间，而且两个品种间果皮细胞线粒体内部结构改变的趋势与两个品种果实呼吸速率变化趋势相同，都是 D0313 要表现的早衰。

三、讨论

细胞壁结构的完整性是否保持良好，对于维持果皮细胞结构和果实硬度至关重要。前人观察证明，细胞壁中胶层退化是导致许多果实果肉软花絮败（Woolliness）的主要原因（Harker and Hallett，1992；杨德兴等，1993；吴明江等，1995）。易衰老品种"D0313"果皮在成熟衰老过程中细胞壁的中胶层致密度差，消失早。而"649"细胞壁结构完整，中胶层明显，消失时间晚。"D0313"果皮细胞壁超微结构发生破坏时间早，会导致其细胞间聚合的丧失和果实硬度下降，加速果实衰老。

植物对光能的高效吸收、传递和转换是在类囊体膜上具有一定分子排列方式及空间构象的膜脂蛋白中进行的。许多重要光合机构（蛋白）都组合在类囊体膜上的膜脂中，衰老过程中类囊体膜的分解导致了自由态不饱和脂肪酸的释放，脂肪酸释放使膜结构和组分发生量变和质变，游离的不饱和脂肪酸可以与某些敏感位点，如 PS I 供体侧、放氧复合体和 PS II 反应中心等组合，抑制电子传递效率（高忠等，1995）。因而，类囊体膜的完整性是决定植物光合作用能力的关键。类囊体膜膨大、肿胀表明叶绿体的光合能力开始减退，当类囊体膜降解，减少表明叶绿体功能已开始丧失。易衰老品种"D0313"在授粉后 20d，叶绿体已趋于圆形，基粒类囊体开始膨大，基质片层向两端拉伸，叶绿体在内部结构上已经开始表现出衰老迹象。抗衰老品种"649"在授粉后30d叶绿体才表现出该衰老征兆。易衰老品种"D0313"在授粉后30d，基质片层出现断裂，基粒片层变得膨大模糊并开始解体，说明叶绿体的内部结构已经开始解体，功能开始丧失。而抗衰老品种"649"在授粉后40d，基粒片层才变得膨大并开始解体，其功能丧失要比"D0313"晚10d左右。叶绿体是衰老过程中变化最敏感的细胞器。从果皮衰老过程叶绿体超微结构变化上看，D0313比649早衰10d左右。李艳秋等（2006）研究结果表明品种"D0313"果皮叶绿素含量在授粉后20d开始下降，而"649"在授粉后30d下降，与果皮细胞叶绿体超微结构变化一致，叶绿素的降解也是导致叶绿体降解、光合能力下降的主要原因之一。而且，其测量的其他生理指标变化也支持了上面的结果。在黄瓜绿色果皮在果实发育过程中是重要的营养供给源之一，果皮叶绿体功能的早衰导致果皮对果肉营养供给的减弱或停止，这可能与黄瓜果实成熟早衰有关，因此应进一步试验验证叶绿体是否可作为黄瓜果实衰老的细胞器特征指标。

线粒体是保证细胞内新陈代谢活动正常进行的能量供给者，也是最不敏感的细胞器（戴伟民等，2001）。线粒体内膜与嵴的内表面上分布许多电子传递粒，这些电子传递粒含有三磷酸腺苷酶（ATP酶），能催化ATP的合成。因此，嵴的数量常常是发生呼吸作用的量上的标志，有大量的嵴，就会摄取大量的氧，使呼吸强度提高。反之，嵴稀疏，代谢较弱。所以可用线粒体的活性来判断细胞的生活力。衰老过程中，线粒体内嵴的数量减少，内部结构变得不清晰，导致附着在嵴上的大量酶系降解，使能量供给能力降低。对两个品种各细胞器的超微结构观察，发现线粒体的衰退变化发生的较晚。在授粉后

30d "D0313" 线粒体开始出现衰老症状，而 "649" 在授粉后 40d 开始衰老。说明线粒体是成熟衰老过程稳定的细胞器，这与彭宜本和张大彭（2000）和张玉等（2005）研究结果一致。

四、结论

D0313 的果皮细胞壁中胶层致密度差，消失时间比 649 早 10d 左右，叶绿体外形和内部基质、基粒的排列变化也比 649 早 10d 左右，这与叶绿素含量变化趋势一致。分别在授粉后 30d 和 40d，D0313 和 649 的果皮细胞线粒体发生降解，此时果实呼吸速率出现小的高峰。

第六章

黄瓜果实成熟衰老过程中生理生化特性

第一节　黄瓜果实衰老进程的划分及衰老鉴定指标的筛选

一、材料与方法

1. 试验材料

以黄瓜品种 D0313（早衰，第一雌花节位 3 ~ 4 节，叶片浅绿色，植株抗病性差）和 649（对照，第一雌花节位 4 ~ 5 节，叶片深绿色，植株抗病性强）为材料，种子由东北农业大学园艺学院黄瓜课题组提供。

2. 试验方法

本试验在东北农业大学园艺实验站大棚、温室内进行，于 2005 年 3 月 25 日播种，4 月 2 日分苗，5 月 2 日黄瓜 3 叶 1 心期定植在塑料大棚里，采用随机区组排列，3 次重复，5 月 22 日黄瓜初花期开始授粉，挂牌标记。选取长势一致，同天授粉的黄瓜作为试验材料，每隔 5d 取样 1 次。将每个瓜纵切成 1/2、1/4、1/8，然后取其中一份的头部，中部和尾部 1cm 长的小块切碎，混合均匀，用于各项指标的测定，每个指标测定取 3 个瓜，3 次重复。2005 年 8 月将试验在东北农业大学节能温室内做第二次重复。

1）果皮叶绿素含量测定

采用 95% 乙醇浸提法测定果皮叶绿素含量（王晶英等，

2002）。

取新鲜植物叶片（或其他绿色组织）或干材料，擦净组织表面污物，去除中脉剪碎。称取剪碎的新鲜样品2g，放入研钵中，加少量石英砂和碳酸钙粉及3ml 95%乙醇，研成匀浆，再加乙醇10ml，继续研磨至组织变白。静置3～5min。

取滤纸1张置于漏斗中，用乙醇湿润，沿玻棒把提取液倒入漏斗，滤液流至100ml棕色容量瓶中；用少量乙醇冲洗研钵、研棒及残渣数次，最后连同残渣一起倒入漏斗中。

用滴管吸取乙醇，将滤纸上的叶绿体色素全部洗入容量瓶中。直至滤纸和残渣中无绿色为止。最后用乙醇定容至100ml，摇匀。

取叶绿体色素提取液在波长665nm、645nm和652nm下测定吸光度，以95%乙醇为空白对照。

叶绿素 a = $(12.7A_{665} - 2.69A_{645}) \times V/(1\,000 \times W)$

叶绿素 b = $(12.7A_{645} - 2.69A_{665}) \times V/(1\,000 \times W)$

总叶绿素 = 叶绿素 a + 叶绿素 b

2）果实超氧物歧化酶（SOD）活性测定

采用氮蓝四唑法测定果实中超氧物歧化酶（SOD）活性（朱广廉，1990）。

酶液提取：取0.5g黄瓜果实于预冷的研钵中，加入1ml预冷的0.05mol/L pH7.8的磷酸缓冲液，在冰浴上研磨成匀浆，加缓冲液使终体积为5ml。在4℃条件下10 000r/min离心20min，上清液即为SOD粗提液。

酶活性测定：在透明试管中依次加入0.05mol/L磷酸缓冲液1.5ml、130mmol/L甲硫氨酸（Met）溶液0.3ml、750μmol/L氮蓝四唑（NBT）溶液0.3ml、100μmol/L EDTA－Na$_2$液

0.3ml、20μmol/L 核黄素 0.3ml、酶液 0.05ml、蒸馏水 0.25ml（以上各溶液均在用前配制，避光放置），两支对照管以缓冲液代替酶液。将溶液混匀后，在光照培养箱内照光 10min，取出试管，迅速测定 OD_{560} 值，以不加酶液的照光管为对照。

计算：SOD 活性单位以抑制 NBT 光化还原的 50% 为一个酶活性单位表示。

$$U = [2 (s-a) / (b-a)] \times n/m$$

式中：s——样品照光后的吸光值

a——未加酶液的反应液照光后的吸光值

b——未加酶液的反应液照光前的吸光值

n——稀释倍数

m——样品重量（g）

3）果实过氧化物酶（POD）活性测定

采用愈创木酚法测定果实过氧化物酶（POD）活性（张宪政，1989）。

粗酶液的提取：称取试验材料 0.1g，加 20mmol/L KH_2PO_4 5ml，于研钵中研磨成匀浆，以 10 000r/min 离心 10min，收集上清液保存在冷处，所得残渣再用 20mmol/L KH_2PO_4 5ml 溶液提取 1 次，合并 2 次上清液。

酶活性的测定：取比色皿 2 只，于一只中加入反应混合液 3ml，KH_2PO_4 1ml，作为校零对照，另一只中加入反应混合液 3ml，上述酶液 1ml（如酶活性过高可适当稀释），立即开启秒表，于分光光度计 470nm 波长下测量 OD 值，每隔 30s 读数一次。以每分钟表示酶活性大小，即以 ΔOD_{470}/min·mg 蛋白质表示，蛋白质含量测定按 Folin 法进行。

以每分钟吸光度变化值表示酶活性大小，即以 ΔA_{470}/

[min·g（鲜重）] 表示之。也可以用每分钟内 A_{470} 变化 0.01 为 1 个过氧化物酶活性单位（u）表示。

$$过氧化物酶活性 [u/（g·min）] = \frac{\Delta A_{470} \times V_T}{W \times V_s \times 0.01 \times t}$$

式中：ΔA_{470}——反应时间内吸光度的变化

W——植物鲜重，g

V_T——提取酶液总体积，ml

V_s——测定时取用酶液体积，ml

t——反应时间，min

4）果实丙二醛（MDA）含量测定

准确称取 1.000g 黄瓜果实，加入 10% TCA 2ml 和少量石英砂，研磨至匀浆，再加 3ml 10% TCA 进一步研磨，匀浆以 4 000r/min 离心 10min，上清液为样品提取液（王晶英，2002）。

吸取离心的上清液 2ml（对照加 2ml 蒸馏水），加入 2ml 0.6% 硫代巴比妥酸（TBA，用 10% 三氯乙酸配置）溶液，混匀物于沸水浴上反应 10min，迅速冷却后再离心。取上清液测定 532nm、600nm 和 450nm 波长下的消光度值。根据双组分分光光度计算法建立如下公式：

$$C_2（\mu mol/L） = 6.45（OD_{532} - OD_{600}）$$
$$- 0.56 OD_{450}（C_2 为 MDA 浓度）$$

5）组织相对电导率测定

组织相对电导率测定参照王晶英等（2002）的方法。

取果肉组织圆片（厚 0.3cm，直径 0.5cm）约 20 片；用去离子水冲洗吸干，称重 2g，置于盛有 20ml 蒸馏水的三角瓶中，在水浴振荡器上振荡 30min，用 DDS－11A 型电导仪测定渗出液电导值，再将三角瓶置于沸水浴中煮沸 5min，冷却测绝对电导率。以相对电导率值的大小表示果肉组织膜透性。

6）果实呼吸强度测定

参照宋钧等的方法测定果实的呼吸强度（宋钧，1987）。

选取长势一致的黄瓜果实 5 个，称重后置于反应瓶中（体积精量），用红外线 CO_2 气体分析仪测定。

7）果实可溶性蛋白质含量的测定

采用考马斯亮蓝法测定果实中可溶性蛋白质含量（王晶英等，2002）。

样品提取：称取黄瓜果实 0.5g，用 5ml 蒸馏水研磨成匀浆，3 000r/min 离心 10min，上清液即为样品提取液。

样品测定：吸取样品提取液 1.0ml，放入试管中，加入 4ml 蒸馏水稀释，再加入 5ml 考马斯亮蓝试剂，摇匀，放置 2min 后在 595nm 下比色，测定吸光度值，并通过标准曲线查得可溶性蛋白质含量。

8）谷氨酰胺合成酶（GS）活性的测定

试剂配置：（O'Neal *et al.*，1973）

提取缓冲液：0.05mol/L Tris－HCl，pH = 8.0，内含 2mmol/L Mg^{2+}，2mmol/L DTT（二硫苏糖醇），0.4mol/L 蔗糖。

反应混合液 A：0.1mol/L Tris－HCl 缓冲液，pH = 7.4。内含 80mmol/L Mg^{2+}，20mmol/L 谷氨酸钠盐，20mmol/L 半胱氨酸和 2mmol/L EGTA。

反应混合液 B：反应混合液 A 的成分再加入 80mmol/L 盐酸羟胺，pH = 7.4。

显色剂：0.2mol/L TCA，0.37mol/L $FeCl_3$ 和 0.6mol/L

HCl 混合液。

40mmol/L ATP 溶液：0.121 0g ATP 溶于 5ml 去离子水中（临用前配置）。

方法：

称取 3g 果实于研钵中，加入 5ml 提取缓冲液，置冰浴上研磨匀浆，静置 3min 以充分提取，转移于离心管中，4℃下 12 000r/min 离心 20min，上清液即为粗酶液。

1.6ml 反应混合液 B，加入 0.7ml 粗酶液和 0.7ml ATP 溶液，混匀，于 37℃下保温 1h，加入显色剂 1ml，摇匀放置片刻后，于 5 000r/min 下离心 10min，取上清液测定 540nm 处的吸光值，以加 1.6ml 反应混合液 A 的为对照。

取粗酶液 0.5ml，用水定容至 100ml，取 2ml，用考马斯亮蓝 G-250 测定可溶性蛋白质含量。

结果计算：

$$GS \text{ 活力} = A / (P \times V \times T)$$

A：540nm 处吸光值

P：粗酶液中可溶性蛋白质的质量浓度（mg/ml）

V：反应体系中加入的粗酶液体积（ml）

T：反应时间（h）

GS 活力是以每毫克酶蛋白在每小时催化生成的 γ-谷氨酰基异羟肟酸与铁络合的产物在 540nm 处的吸光值的大小来表示。

9）LOX 活性的测定

反应底物的制备（Surrye，1963）：试验所用的酶反应底物为亚油酸。量取 0.5ml Tween20，溶于 10ml 硼酸缓冲液中（pH9.0）加入 0.5ml 亚油酸，混匀，混合物中加入 1.3ml 1N

NaOH，振荡直到获得透明澄清溶液，在透明溶液中加入90ml硼酸缓冲液，最后用蒸馏水定溶到200ml，并用HCl将pH值调至6.6，最后溶液中约含7.5mmol/L亚油酸。

粗酶液的提取：取0.5g果肉组织置于研钵内，液氮研磨，加入5ml经4℃预冷的提取缓冲液，4℃5 000g离心15min，取上清液用于LOX活性的测定。

酶活性测定：3ml反应体系中含底物液、缓冲液、酶液，反应温度30℃，于234nm处测定LOX活性。加酶液后15s开始计时，记录8min内OD值变化，酶活性以$\Delta OD_{234}/g \cdot min$表示。重复3次。

3. 数据处理

试验数据分析用Excel和SPSS数据处理软件完成。

二、结果与分析

1. 黄瓜果实成熟衰老过程中果实外部形态的变化

对D0313和649黄瓜果实成熟衰老过程中果实外部形态变化进行了观察（见附录图版）。结果表明，两个黄瓜品种成熟衰老过程中果实外观形态变化不尽相同。试验中，D0313果实停止生长的时间较649早1周左右，两个品种果皮颜色变黄的时间分别为授粉后25d和35d左右。整个发育过程，D0313果皮变黄速度明显快于649，但果实中种子的发育进程几乎是同步，授粉后30d左右，果实内种子开始成熟（种皮变硬，种胚发育完全），但D0313的种子饱满度较同期649种子的饱满度差一些。

黄瓜果皮颜色的变化过程为，D0313：嫩绿→深绿→黄绿→橙黄；649：嫩绿→深绿→黄绿→浅黄色。整个发育过程，果皮颜色 649 明显绿于 D0313，果皮颜色的变黄速度 D0313 显著快于 649。

2. 黄瓜果实成熟衰老过程中各生理生化指标变化

1）可溶性蛋白质含量变化

图 6-1 表明，D0313 可溶性蛋白质含量在授粉后 15～25d 变化不显著。25d 以后，下降显著，到授粉后 50d 可溶性蛋白质含量仅为初期的 22.01%。649 在授粉后 15～30d 可溶性蛋白质含量变化也不显著，30d 后开始迅速下降，到授粉后 50d 可溶性蛋白质含量为初期的 44.06%。无论是可溶性蛋白质开始显著下降的时间还是速度，D0313 都早且快于 649。

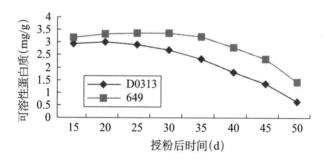

图 6-1　黄瓜果实成熟衰老过程中可溶性蛋白质含量的变化
Fig. 6-1　Changes in soluble protein content of cucumber fruits during senescence

黄瓜果实成熟衰老过程中可溶性蛋白质含量逐渐降低，其变化过程可用 $Y_{pr} = A + BX + CX^2 + DX^3$ 描述。黄瓜果皮中 RuBPCase 约占可溶性蛋白质的 70%，因此果实衰老期间可溶性蛋白质含量的变化基本上反映了羧化酶含量的变化，D0313 和 649 两个品种授粉后黄瓜果实成熟衰老过程中可溶性蛋白质含量变化的模拟方程分别为：

$$y_{D0313} = 1.737\,390 + 0.140\,122x - 0.004\,223x^2$$
$$+ 0.000\,020x^3$$

（p - 值 = 0.000 1；确定系数 = 0.999 0）

$$y_{649} = 3.054\,926 - 0.021\,145x + 0.002\,949x^2$$
$$- 0.000\,064x^3$$

（p - 值 = 0.000 1；确定系数 = 0.997 5）

由方程推算 D0313 授粉后 19d 可溶性蛋白质达到最大值，以最大值为基准，可求得可溶性蛋白质含量下降至 50%（$Pr_{\Delta50(-)}$）时的天数为 40.3d。品种 649 在授粉后 25d 可溶性蛋白质含量达到最大值，以最大值为基准，求得 $Pr_{\Delta50(-)}$ 的时间约为 40d。品种 D0313 可溶性蛋白质含量的变化过程可划分为：授粉后 15～20d 可溶性蛋白质含量维持不变；授粉后 20～40d 可溶性蛋白质含量下降幅度大；授粉后 40～50d，可溶性蛋白质含量下降剧烈。而品种 649 的可溶性蛋白质含量变化可分为：授粉后 15～30d，可溶性蛋白质含量基本保持不变；授粉后 30～45d，可溶性蛋白质含量下降幅度大；授粉后 45～50d 可溶性蛋白质含量下降剧烈。

2）谷氨酰胺合成酶（GS）活性变化

在高等植物中，谷氨酰胺合成酶（glutamine synthetase，GS，EC6.3.1.2）由于对氨的高亲和力以及强有力地把氨渗入到有机酸中的能力，因此被认为是氨同化的关键酶。GS 催化产生的谷氨酰胺不仅是存储蛋白降解产生的游离氨的受体，也是植物体内氨转运的主要形式。GS 活性与内源性蛋白降解和氨基酸分解代谢产生的氨的再同化和氨的转运有关。果实成熟衰老时，蛋白质等大分子物质降解为氨基酸等小分子物质进行氮素转移提供条件。因而，GS 活性高低可能与氨的再利用有关，植物衰老后期都有氮素再利用的过程。图 6 − 2 中，649 和 D0313 果实中 GS 活性在授粉后 15 ～ 35d 左右基本变化不明显，维持在一个稳定水平。而在授粉后 35d 和 40d，D0313 和 649 的 GS 活性分别急剧上升，达到最大值。品种 D0313 果实的 GS 活性上升要比品种 649 果实 GS 上升时间早，说明，品种 D0313 果实细胞内含物开始转移的时间比品种 649 早，这也可能是 D0313 表现早衰的一个原因。而且，也说明黄瓜果实此时已进入衰老后期。

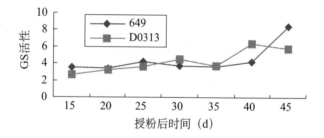

图 6 − 2　黄瓜果实成熟衰老过程中 GS 活性的变化

Fig. 6 − 2　Changes in glutamine synthetase isoenzymes activity of cucumber fruits during senescence

两个品种 GS 活性的变化趋势大体相同，但 GS 活性的时间变化不同。品种 D0313 的 GS 活性变化过程可划分为：授粉后 15 ～ 35d，GS 活性变化幅度不明显；授粉后 35 ～ 40d，GS 活性急剧升高并达到最大值；授粉后 40 ～ 45d，GS 活性略有下降。品种 649 的 GS 活性变化过程可划分为：授粉后 15 ～ 40d，GS 活性基本维持不变；授粉后 40 ～ 45d，GS 活性急剧升高。

3）脂氧合酶（LOX）活性变化

LOX 通过氧化多聚不饱和脂肪酸降解细胞膜的结构，破坏细胞膜的完整性以及改变膜的通透性，对果实的成熟衰老有着重要影响。由图6-3知，LOX活性在授粉后第15d即开始上升，并在授粉后20~25d达到最大值，然后呈下降趋势，在生育期的后期略有上升。两个品种的LOX活性变化趋势基本相同，但在果实成熟衰老的整个过程中，D0313 LOX活性显著高于649。LOX启动膜质过氧化作用，它的变化较其他生理生化指标都早。

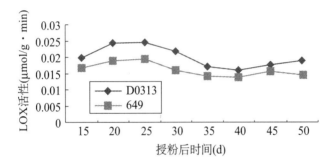

图6-3 黄瓜果实成熟衰老过程中脂氧合酶活性变化

Fig. 6-3 Changes in lipoxygenase activity of cucumber fruits during senescence

其变化过程可用 $Y_{LOX} = A + BX + CX^2 + DX^3$ 描述。D0313和649两个品种授粉后黄瓜果实成熟衰老过程中LOX活性变化的模拟方程分别为：

$$y_{D0313} = 0.071\,807 - 0.0149\,25x + 0.001\,406x^2$$
$$- 0.000\,056x^3 + 0.000\,001x^4$$

（p-值=0.012 7；确定系数=0.993 5）

$$y_{649} = 0.078\,903 - 0.015\,250x + 0.001\,342x^2$$
$$- 0.000\,053x^3 + 0.000\,001x^4$$

（p－值＝0.040 5；确定系数＝0.980 5）

4）丙二醛（MDA）含量的变化

MDA是膜质过氧化的终产物，其含量高低反映了细胞膜过氧化水平。图6－4显示：在黄瓜果实成熟衰老期间，D0313的MDA含量显著高于649，二者变化趋势较一致：前期积累缓慢，后期积累迅速。从两个品种MDA含量的变化可知，D0313的膜质过氧化作用发生的比649早，而且膜脂过氧化程度也高于649。

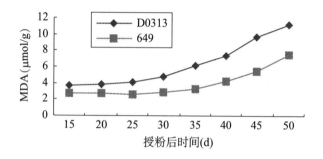

图6－4　黄瓜果实成熟衰老过程中丙二醛含量的变化

Fig. 6－4　Changes in MDA content in cucumber fruits during senescence

其变化过程可用 $Y_{MDA} = A + BX + CX^2 + DX^3$ 描述。D0313和649两个品种授粉后黄瓜果实成熟衰老过程中MDA含量的模拟方程分别为：

$y_{D0313} = 5.456\ 190 - 0.222\ 024x + 0.006\ 833x^2$

（p－值＝0.000 1；确定系数＝0.996 2）

$y_{649} = 1.770\ 976 + 0.158\ 536x - 0.008\ 869x^2 + 0.000\ 160x^3$

（p－值＝0.000 1；确定系数＝0.999 4）

从两个品种MDA含量的变化趋势看，品种D0313 MDA含量的变化进程可划分为：授粉后 15~20d MDA 含量维持不变；授粉后 20~40d MDA 含量逐渐升高；授粉后 40~50d，MDA 含量升高幅度明显增快，急速上升。而品种 649 的 MDA 含量变化进程可划分为：授粉后 15~30d，MDA 含量基本保持不变；授粉后 30~40d，MDA 含量上升缓慢；授粉后 40~50d MDA 含量上升迅速，幅度增加明显。

5）过氧化物酶（POD）活性的变化

POD 能分解细胞内的脂质过氧化物，从而减少细胞内过氧化物的积累，对于维持组织的正常生理功能具有重要作用。研究表明，POD 的主要作用是清除组织内低浓度的 H_2O_2 积累的一种防御性反应。黄瓜果实的 POD 活性变化呈双峰曲线模式（图 6-5）。在 POD 活性高峰出现的时间上，黄瓜品种 D0313 早于 649。分别在授粉后 20d 和 30d，D0313 和 649 的 POD 出现第一次活性高峰，数值分别为 74.3 和 66.4Δ470·min^{-1}·g^{-1}，此时果皮尚未变黄，其他生理生化指标没有发生变化或变化不明显，这时 POD 作为清除活性氧的保护酶成员活性升高，对于抵御细胞代过程中产生的活性氧物质对细胞的伤害起到一定作用，因为此时膜质过氧化产物 MDA 含量已经升高，POD 表现出保护酶的特性；分别在授粉后 30d 和 45d，二者出现第二次高峰，数值分别为 71.2 和 62.6Δ470·$minI^{-1}$·g^{-1}，这时果皮变黄，各种生理生化指标变化明显，果实衰老症状严重，POD 活性升高，可能是由于果实衰老对其活性起到诱导作用，表现出诱导酶的特性。D0313 的 POD 活性变化幅度比 649 大，表明 D0313 受到氧自由基伤害的程度较大。后期 D0313 的 POD 活性下降较快。

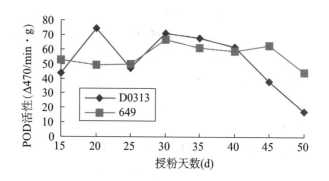

图6－5 黄瓜果实成熟衰老过程中POD活性的变化

Fig. 6－5 Changes in POD activity of cucumber fruit during ripening and senescence

6）超氧物歧化酶（SOD）活性的变化

SOD为植物体清除活性氧的关键酶之一，是细胞内保护酶系统中的重要抗氧化酶类，尤其是防止超氧自由基对生物膜系统的氧化，对细胞的抗氧化、衰老具有重要意义，SOD活性的高低标志着植物细胞自身抗衰老能力的强弱。黄瓜果实SOD活性变化曲线见图6－6。从授粉后20d开始，D0313 SOD活性快速上升，表明此时D0313黄瓜果实发生膜质过氧化作用，刺激果实保护酶SOD活性升高，25d时SOD活性开始下降。649黄瓜果实SOD活性从25d开始快速上升，35d开始下降，表明649黄瓜果实膜质过氧化作用发生较晚。D0313的SOD活性变化幅度比649大，表明D0313受到氧自由基伤害的程度较大。后期D0313的SOD活性下降较快。D0313和649的SOD活性与MDA的相关系数分别为－0.82694和－0.86664，且MDA含量的快速升高出现在SOD峰值过后，表明SOD活性的变化与膜质过氧化作用关系密切。

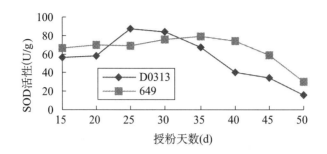

图 6 - 6 黄瓜果实成熟衰老过程中 SOD 活性的变化
Fig. 6 - 6 Changes of SOD activity of cucumber fruit during ripening and senescence

其变化过程可用 $Y_{SOD} = A + BX + CX^2 + DX^3$ 描述。D0313 和 649 两个品种授粉后黄瓜果实成熟衰老过程中 SOD 活性变化的模拟方程分别为：

$$y_{D0313} = 2\ 112.650\ 000 - 382.446\ 175x + 26.690\ 742x^2$$
$$- 0.874\ 558x^3 + 0.013\ 590x^4 - 0.000\ 081x^5$$

（p - 值 = 0.012 4；确定系数 = 0.995 00）

$$y_{649} = -1\ 242.087\ 500 + 277.998\ 406x - 23.508\ 118x^2$$
$$+ 1.015\ 057x^3 - 0.023\ 659x^4 + 0.000\ 284x^5$$
$$- 0.000\ 001x^6$$

（p - 值 = 0.017 2；确定系数 = 0.999 9）

SOD 活性可作为衰老的一个重要鉴定指标，而两个衰老表型不同的品种，其 SOD 活性的变化趋势也不相同。从两个品种 MDA 含量的变化趋势看，品种 D0313 SOD 活性的变化进程可划分为：授粉后 15～20d SOD 活性保持不变；授粉后 20～40d SOD 活性出现一个高峰；授粉后 40～50d，SOD 活性缓慢降低。而品种 649 的 SOD 活性变化进程与 D0313 完全不同，黄瓜果实授粉后 15～35d，SOD 活性缓慢升高，升高幅度不大，基本维持在一个较稳定水平。授粉后 35～50d，SOD 活性开始下降，但下降幅度也没有 D0313 大。

7）呼吸速率的变化

果实成熟衰老过程是一个消耗能量的过程，其能量主要来自呼吸作用。伴随黄瓜果实衰老过程的进行，品种 D0313 和 649 的果实呼吸速率在逐渐增大，分别在授粉后 30d 和 45d 呈现高峰，之后下降（图 6-7）。但其"呼吸峰"与"跃变型"果实的呼吸高峰不同，此时黄瓜果皮完全变黄，各种生理生化指标变化剧烈，显然它是果实衰败的表现。

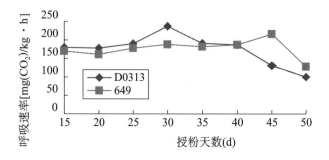

图 6-7 黄瓜果实成熟衰老过程中呼吸速率的变化
Fig. 6-7 Changes in respiratory rate of cucumber fruit during ripening and senescence

品种 D0313 在授粉后 10～20d 果实呼吸速率不变；授粉后 20～40d 果实呼吸速率上升并在第 30d 达到最大值，出现个小的呼吸峰；授粉后 40～50d，果实呼吸速率急速下降。而品种 649 在授粉后 15～40d，果实呼吸速率基本保持不变；授粉后 40d 果实呼吸速率迅速增加，到第 45d 呼吸速率达到最大，然后下降，出现个小峰。

8）组织相对电导率的变化

电解质渗漏被认为是一种与细胞膜有关的现象，通常用相对电导率来表示细胞膜的透性，细胞膜的透性对于维持细胞正常的生理功能是至关重要的。由图 6 - 8 可知，在整个成熟衰老过程中，黄瓜品种 D0313 的细胞膜透性比 649 高，表明其细胞膜完整性破坏严重。分别在授粉后 15～30d 和 15～35d 之间，D0313 和 649 的细胞膜透性上升速度较慢，各时期差异不是很显著；分别从 35d 和 40d 开始，细胞膜透性快速升高，各时期差异显著。在黄瓜果实成熟衰老的早期阶段，细胞膜的结构保持完整，因而细胞膜透性的差异不显著，伴随成熟衰老时间的推进，细胞膜受到破坏，透性增加，各阶段差异达到极显著水平。

膜透性的增加，象征着细胞功能的丧失与死亡。与品种 649 相比，D0313 膜完整性遭到破坏较严重，因而膜透性高，细胞不能执行正常的生理功能，细胞活性较低，生命周期短，所以可作为早衰的原因之一。

其变化过程可用 $Y_{相对电导率} = A + BX + CX^2 + DX^3$ 描述。D0313 和 649 两个品种授粉后黄瓜果实成熟衰老过程中相对电导率变化的模拟方程分别为：

$$y_{D0313} = 76.458\,333 - 9.546\,351x + 0.796\,977x^2$$
$$- 0.033\,082x^3 + 0.000\,666x^4 - 0.000\,005x^5$$

（p - 值 = 0.0134；确定系数 = 0.994 6）

$$y_{649} = 7.808\,929 + 1.046\,337x + - 0.004\,693x^2$$
$$- 0.001\,144x^3 + 0.000\,021x^4$$

（p - 值 = 0.000 8；确定系数 = 0.995 5）

从两个品种果实相对电导率的变化趋势看，品种 D0313

相对电导率的变化进程可划分为：授粉后 15~30d 相对电导率基本维持不变；授粉后 30~50d 相对电导率开始持续上升。而品种 649 的相对电导率变化进程可划分为：授粉后 15~40d，相对电导率基本保持不变；授粉后 40~50d，相对电导率才开始略有增加，但变化并不十分明显。

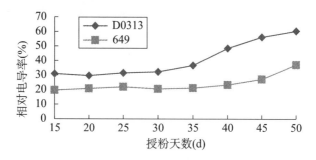

图6-8　黄瓜果成熟实衰老过程中相对电导率的变化
Fig. 6-8　Changes of relative electric conductivity of cucumber fruit during ripening and senescence

9）黄瓜果实成熟衰老过程中果皮叶绿素含量的变化

叶绿素含量下降，果皮颜色变黄是黄瓜果实衰老的一个显著特征。对授粉后黄瓜果实成熟衰老过程中果皮叶绿素含量进行了测定，结果见图6-9。总体来看，649 果皮叶绿素含量显著高于 D0313。D0313 和 649 叶绿素含量开始下降的时间分别为授粉后 20d 和 30d 左右，叶素含量下降的速度 D0313 显著快于 649。可溶性蛋白质含量的下降时间与叶绿素含量下降的时间相同。Rubisco 占可溶性蛋白质含量的 70%，因而，叶绿素含量开始下降，可溶性蛋白质含量随之下降，光合能力也下降。因为 D0313 叶绿素含量低，下降速度快，在外观上表现为果皮变黄较早，这是其早衰的一个显著特征。

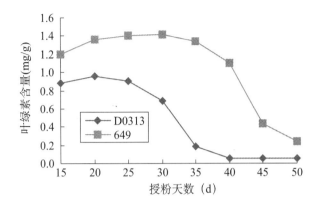

图 6-9 黄瓜果实成熟衰老过程中果皮叶绿素含量的变化

Fig. 6-9 Changes of chlorophyll contents in cucumber fruit peel during ripening and senescence

其变化过程可用 $Y_{叶绿素} = A + BX + CX^2 + DX^3$ 描述。D0313 和 649 两个品种授粉后黄瓜果实成熟衰老过程中叶绿素含量变化的模拟方程分别为:

$$y_{D0313} = 12.995\ 833 - 2.465\ 288x + 0.188\ 973x^2$$
$$- 0.006\ 763x^3 + 0.000\ 113x^4 - 0.000\ 001x^5$$

(p - 值 = 0.017 6;确定系数 = 0.992 9)

$$y_{649} = -0.068\ 863 + 0.116\ 937x - 0.002\ 249x^2$$

(p - 值 = 0.000 3;确定系数 = 0.959 3)

从两个品种叶绿素含量的变化趋势看,品种 D0313 叶绿素含量的变化进程可划分为:授粉后 15~20d 叶绿素含量没有下降,果皮开始变黄;授粉后 20~40d 叶绿素含量急速下降,果皮变黄;授粉后 40~50d,叶绿素含量下降趋势平缓,基本保持不变,果皮呈黄褐色。而品种 649 的叶绿素含量变化进程可划分为:授粉后 15~30d,叶绿素含量略有升高,变化不明显，果实为绿色；授粉后 30～45d，叶绿素含量迅速下降，下降幅度很大，果实变黄；授粉后 45～50d 叶绿素含量下降幅度变小，呈现缓慢下降趋势，果实呈黄色。

3. 黄瓜果实衰老进程的划分

经过上面对黄瓜外部形态的描述，果实成熟衰老过程中叶绿素含量、可溶性蛋白质含量等 9 个生理生化指标的变化的研究以及果实衰老过程中果皮细胞超微结构的观察，结果表明：两个黄瓜品种在果实成熟衰老上有较大差异，D0313 明显要比 649 表现的早衰。而且，外部形态开始变化的时间与此时与其密切相关的果实内部生理生化指标、果皮细胞超微结构开始发生改变的时间基本相符。

在黄瓜果实成熟衰老过程中叶绿素含量、可溶性蛋白质含量、SOD 活性呈下降趋势，而 MDA 含量、GS 活性、LOX 活性、相对电导率和呼吸速率呈上升趋势。综合以上对黄瓜果实成熟衰老过程中果实外部形态，生理生化变化和果皮超微结构三个方面的研究将黄瓜果实衰老划分为三个时期：（1）诱导期，由于 LOX 活性在授粉后第 15d 就表现出上升，说明此时膜质过氧化已经开始，LOX 是个衰老早期指标，表明果实衰老已经被启动。此期内可溶性蛋白质含量、叶绿素含量、MDA 含量、呼吸速率、SOD 活性等指标基本保持不变或变化不明显，而且，黄瓜果皮细胞细胞壁中胶层仍然存在，叶绿体超微结构开始变化但并没有丧失功能，线粒体超微结构基本完好，果皮呈绿色。但两个品种进入该时期内的具体时间不同，D0313 是授粉后 15～20d 表现为诱导期；而 649 是授粉后 15～30d 表现为诱导期。（2）积极衰老期，该时期内可溶性蛋白质、叶绿素含量急剧降低，SOD 活性出现高峰，呼吸速率也有个小的峰值，MDA 含量持续增加，果皮开始退色。而且此时，果皮细胞细胞壁中胶层已完全消失，叶绿体膨大变形而且内部结构开始紊乱，线粒体内嵴数目变少。两个品种进入积极衰老期的具体时间为，D0313 是授粉后 20～40d 的，649 是授粉后 30～45d 左右。(3) 器官的竭衰期，该时期 GS 活性和电导率迅速升高，叶绿素含量继续缓慢下降，可溶性蛋白质含量、SOD、POD 活性和呼吸速率迅速下降，果皮已经变黄。GS 活性的急速升高表明果实细胞内含物的转移和再利用加剧，因而也说明果实进入最后的竭衰期。而且，果皮细胞壁物质降解并出现明显质壁分离现象，叶绿体结构已经瓦解，线粒体外部结构和内部结构已经完全降解。D0313 授粉后 40d 以后属于器官衰竭时期，649 是授粉后 45d 以后属于器官竭衰期。两个品种相比较来看，早衰品种 D0313 的衰老诱导期短，持续只有 5d 左右的时间，果实很快进入衰老阶段，然而 D0313 果实的积极衰老期相对较长，大约有 20d。而品种 649 的衰老诱导期很长，大约有 15d 的时间，这期间 649 果实始终处于一个成熟和衰老的早期阶段，而其积极衰老期和衰竭期较短，说明果实从衰老初期后就表现出激烈的衰老症状，很快达到衰老末期。

4. 黄瓜果实衰老过程中衰老鉴定指标的筛选

1）黄瓜果实成熟衰老过程中各单项指标值及相关性分析

从表 6–1 中可以看出，在挂蔓黄瓜果实成熟衰老过程中叶绿素含量和可溶性蛋白质含量显著下降，SOD、POD 活性和呼吸强度先升高后降低，其余各指标均不同程度升高，可明显看出，两个品种间各指标的变化趋势有很大差别。将两个品种的 9 个单项指标的数据综合在一起，进行各单项指标之间的相关性分析，从总体上看各单项指标之间的相关性。两个品种的各指标之间的相关性分析结果见表 6–2。

表 6 - 1　黄瓜果实成熟衰老过程中各单项指标的数值

Tab. 6 - 1　Value of the single index of cucumber fruits during ripening and senescence

品种 Cultivars	时间 Time (d)	叶绿素 a+b Chla+Chlb (mg/g)	超氧化物歧化酶 SOD (U/g·h)	过氧化物酶 POD (470/min·g)	丙二醛 MDA (μmol/g)	相对电导率 Relative electric conductivity (%)	呼吸强度 Respiratory Rate [mg(CO$_2$)/kg·h]	可溶性蛋白质 SPr(mg/g)	谷氨酰胺合成酶 GS (nmol/min·mg protein)	脂氧合酶 LOX (μmol/g·min)
D0313	15	0.880	56.3	43.4	3.70	31.0	180.0	2.95	2.60	1.975
	20	0.960	58.0	74.3	3.77	29.7	178.0	3.02	3.23	2.438
	25	0.901	87.4	46.8	4.14	31.5	190.0	2.89	3.67	2.450
	30	0.688	84.0	71.2	4.80	32.3	237.0	2.70	4.49	2.188
	35	0.180	67.1	67.7	6.15	36.7	191.0	2.32	3.73	1.713
	40	0.052	40.5	61.6	7.38	48.5	187.0	1.81	6.41	1.606
	45	0.050	34.3	37.8	9.66	56.2	131.0	1.34	5.80	1.763
	50	0.052	15.7	17.4	11.24	60.4	100.0	0.65	7.00	0.190
D649	15	1.193	66.5	52.8	2.69	19.7	170.0	3.18	3.50	1.681
	20	1.360	69.8	49.4	2.70	20.8	161.0	3.32	3.46	1.895
	25	1.406	68.9	50.0	2.63	22.0	178.0	3.37	4.23	1.944
	30	1.416	75.3	66.4	2.93	20.6	188.0	3.35	3.76	1.600
	35	1.338	78.9	60.9	3.28	21.2	182.0	3.22	3.63	1.420
	40	1.096	74.0	58.9	4.21	23.3	187.0	2.80	4.25	1.375
	45	0.440	58.8	62.6	5.50	27.2	216.0	2.34	8.40	1.563
	50	0.240	30.3	44.4	7.55	37.1	128.0	1.40	9.10	1.463

表 6 - 2　黄瓜果实成熟衰老过程中各指标相关系数矩阵

Tab. 6 - 2　Correlation matrix of single index of cucumber fruits during ripening and senescence

项目 Items	叶绿素 a+b Chla+Chlb	超氧化物歧化酶 SOD	过氧化物酶 POD	丙二醛 MDA	相对电导率 Relative electric conductivity	呼吸强度 Respiratory Rate	可溶性蛋白质 SPr	谷氨酰胺合成酶 GS	脂氧合酶 LOX
叶绿素 a+b Chla+Chlb	1.00								
超氧化物歧化酶 SOD	0.72**	1.00							
过氧化物酶 POD	0.30	0.62**	1.00						
丙二醛 MDA	-0.91**	-0.83**	-0.56*	1.00					
相对电导率 relative electric conductivity	-0.88**	-0.79**	-0.55*	0.95**	1.00				
呼吸强度 Respiratory Rate	0.32	0.78**	0.81**	-0.59*	-0.55*	1.00			
可溶性蛋白质 SPr	0.91**	0.86**	0.57*	-0.99**	-0.92**	0.61**	1.00		
谷氨酰胺合成酶 GS	-0.67*	-0.66**	-0.31	0.68**	0.50*	-0.33	-0.75**	1.00	
脂氧合酶 LOX	0.35	0.60*	0.56*	-0.59*	-0.43	0.58*	0.60*	-0.49*	1.00

注：*和**分别代表在 0.05 和 0.01 水平差异显著

Note：* and ** significant difference at 0.05 and 0.01 level, respectively

2）黄瓜果实成熟衰老过程中各指标主成分分析

在现实生活中，我们经常遇到关于多指标的问题，而多指标问题中的不同指标之间一般有一定的相关性。主成分分析就是设法将原来众多具有一定相关性的指标，重新组合成一组新的相互无关的综合指标来代替原来指标，同时根据实际需要从中可取几个较少的综合指标尽可能多地反映原来指标的信息。主成分分析法就是在尽可能不损失信息或少损失信息的情况下，将多个变量减少为少数几个潜在因子，这几个因子可以高度地概括大量数据中的信息，这样既减少了变量的个数，又能再现变量间的内在联系。

为体现 9 个单项指标之间的内在关系，试验将两个黄瓜品种的 9 个单项指标和在一起进行主成分分析，增加了每个指标的变量数，求出相关系数阵的特征值和方差贡献率（见表 6 - 3）。从表 6 - 3 可以看出对两个品种而言，前 2 个特征值的贡献率分别为 69.44% 和 14.33%，其累积贡献率已达到 83.8%，说明前 2 个主成分已基本包括了全部性状具有的信息，其他成分可以忽略不计。从表 6 - 4 可知，引起挂蔓黄瓜果实成熟衰老的各项指标对第一主成分贡献最大的是可溶性蛋白质含量，它的特征向量为 0.391 31，其次是 MDA 含量，特征向量为 -0.386 01，最后是 SOD 酶活性，特征向量为 0.369 67。对第二主成分，贡献较大的指标有 POD 酶活性、呼吸速率和叶绿素含量。

表 6 - 3　相关系数阵的特征值与累积贡献率
Tab. 6 - 3　Eigenvalue and proportion of correlation coefficient matrix

序号 No.	特征值 Eigenvalue	百分率(%) Percentage(%)	累计百分率(%) Cumulative percentage(%)
主成分 1 Principal component 1	6.249	69.435	69.435

续表

序号 No.	特征值 Eigenvalue	百分率(%) Percentage(%)	累计百分率(%) Cumulative percentage(%)
主成分 2 Principal component 2	1. 290	14. 330	83. 765
主成分 3 Principal component 3	0. 678	7. 533	91. 298
主成分 4 Principal component 4	0. 381	4. 234	95. 532
主成分 5 Principal component 5	0. 253	2. 806	98. 338
主成分 6 Principal component 6	0. 088	0. 979	99. 318
主成分 7 Principal component 7	0. 051	0. 564	99. 882
主成分 8 Principal component 8	0. 007	0. 080	99. 962
主成分 9 Principal component 9	0. 003	0. 0381	100. 000

表 6 - 4　相关系数阵的规格化特征向量

Tab. 6 - 4　Eigenvector of correlation coefficient matrix

	因子 1 Factor 1	因子 2 Factor 2	因子 3 Factor 3	因子 4 Factor 4	因子 5 Factor 5	因子 6 Factor 6	因子 7 Factor 7	因子 8 Factor 8	因子 9 Factor 9
叶绿素 a + b Chla + Chlb	0. 335	- 0. 442	0. 153	0. 077	- 0. 030	0. 134	0. 732	- 0. 324	- 0. 062
超氧化物 歧化酶 SOD	0. 370	0. 074	0. 001	- 0. 274	0. 529	0. 662	- 0. 117	0. 199	- 0. 107
过氧化物酶 POD	0. 276	0. 528	0. 198	- 0. 135	- 0. 701	0. 289	0. 094	0. 033	- 0. 055
丙二醛 MDA	- 0. 386	0. 163	- 0. 101	- 0. 188	0. 062	0. 312	0. 197	- 0. 289	0. 745

续表

	因子 1 Factor 1	因子 2 Factor 2	因子 3 Factor 3	因子 4 Factor 4	因子 5 Factor 5	因子 6 Factor 6	因子 7 Factor 7	因子 8 Factor 8	因子 9 Factor 9
相对电导率 Relative electric conductivity	−0.360	0.176	−0.406	−0.233	0.031	−0.026	0.563	0.459	−0.301
呼吸强度 Respiratory Rate	0.293	0.520	0.158	−0.278	0.394	−0.541	0.190	−0.237	0.040
可溶性蛋白质 SPr	0.391	−0.158	0.009	0.046	−0.063	−0.218	0.094	0.654	0.576
谷氨酰胺合成酶 GS	−0.289	0.259	0.616	0.548	0.240	0.127	0.194	0.240 4	−0.016
脂氧合酶 LOX	0.272	0.316	−0.598	0.656	0.080	0.081	0.053	−0.140	0.048

3）黄瓜果实成熟衰老过程中各指标灰色关联度分析

主成分综合评价方法是一种客观赋权的评价方法。它只是根据各指标之间的相关关系或各项指标值的变异程度来确定权数，因此利用主成分法进行综合评价时最好还是采用主客观有机结合的组合赋权法。灰色系统（Gray System）理论是邓聚龙在 20 世纪 70 年代末 80 年代初提出的，它是针对既无经验，数据又少的不确定性问题，是一种主观赋权的评价方法。灰色关联分析的目的就是通过一定的方法寻求系统中各因素间的主要关系，找出影响最大的主要因素。灰色关联度分析是对于一个系统发展变化态势的定量描述和比较。只有弄清楚系统或因素间的这种关联关系，才能对系统有比较透彻的认识，认清哪些是主导因素，哪些是潜在因素，哪些是优势而哪些又是弱势。

灰色关联分析的关键是参考序列 X_0 的确定，参考序列是关联分析的标注尺度，它决定着关联分析结果的可靠性。对于黄瓜果实成熟衰老来说，叶绿素含量是个变化较早的指标，是衰老早期事件，国内外许多学者都把叶绿素含量作为衰老的重要指标。本文以叶绿素含量作为参考序列，将两个供试黄瓜品种的其他 8 个单项指标和在一起进行灰色关联分析。表 6-5 即两个品种的叶绿素含量与其他因子的关联序，与叶绿素含量关联最密切的是可溶性蛋白质含量，然后是 LOX 活性、SOD 活性、呼吸速率、POD 活性、相对电导率、GS 含量和 MDA 含量依次排序。

表 6-5　叶绿素含量和其他因子的灰色关联度及排序

Tab. 6-5　Gray correlation coefficient between chlorophyll content and other physiological indices during senescence

序号 No.	因子 Factors	关联系数 Coefficients
X_7	SPr	0.455 8
X_9	LOX 活性	0.359 9
X_2	SOD 活性	0.356 2
X_6	呼吸速率	0.317 8
X_3	POD 活性	0.306 5
X_5	相对电导率	0.269 9
X_8	GS 含量	0.242 9
X_4	MDA 含量	0.238 6

最大差值 $\Delta_{max} = 2.116\ 47$

The largest variation $\Delta_{max} = 2.116\ 47$

4) 黄瓜果实成熟衰老鉴定指标的筛选

综合以上两种方法以及两个衰老表现型不同的黄瓜品种间各单项指标之间的差异，对与挂蔓黄瓜果实成熟衰老密切相关的指标进行分析，果皮叶绿素含量变化是黄瓜果实衰老外观上的一个最显著特征，是直接观察的有力依据，与其他各指标间存在一定的相关性，因而可将叶绿素含量作为鉴定黄瓜果实成熟衰老的一个指标。可溶性蛋白质含量是一个与黄瓜果实成熟衰老相关的重要指标，主成分分析和灰色关联分析都表明可溶性蛋白质含量的下降与黄瓜果实成熟衰老密切相关。可溶性蛋白质中70%的含量是决定光合作用的Rubisco，可溶性蛋白质含量的降低会导致挂蔓黄瓜果实光合作用能力迅速下降，黄瓜果皮开始变黄。因而，可溶性蛋白质含量的变化可作为鉴定黄瓜果实成熟衰老的指标之一。SOD活性在果皮颜色变黄时开始下降，且早衰品种D0313果实中SOD活性发生变化的时间早、幅度大，与其在耐衰老品种649果实中的表现有明显差别，该酶在两个衰老表现型不同的挂蔓黄瓜果实中的差异表明其活性变化与黄瓜果实衰老密切相关。各指标之间相关性分析表明（见表6－2），SOD活性与叶绿素含量呈极显著正相关，与细胞膜质过氧化产物MDA积累量呈极显著负相关，表明膜质过氧化作用与黄瓜果实衰老相关。所以，SOD活性与黄瓜果实衰老密切相关，可以作为鉴定黄瓜果实衰老的指标之一。LOX通过氧化多聚不饱和脂肪酸降解细胞膜的结构，破坏细胞膜的完整性以及改变膜的通透性，对果实的成熟衰老有着重要影响。LOX活性变化是所有各生理生化指标变化最早的一个，在授粉后15～20d，该酶活性就开始增加，说明细胞内膜质过氧化作用已经开始发生。因而，LOX酶活性变化可作为判断黄瓜果实成熟衰老的一个早期鉴定指标。

在黄瓜果实成熟衰老过程中，果实呼吸速率的变化在两个衰老表现型不同的品种中差别不明显，而且，黄瓜果实不是呼吸跃变型果实，因而它不适合作为鉴定黄瓜果实衰老的指标。

细胞膜透性在黄瓜果实成熟衰老过程中没有拐点出现，且它的变化虽然与膜质过氧化有关，但是与 SOD 相比，不如 SOD 在膜质过氧化中作用明显，因而也不适合作为鉴定黄瓜果实衰老的生理生化指标。

三、讨论

1. 黄瓜果实成熟衰老过程中果皮叶绿素含量的变化

叶绿素含量下降、颜色变黄是植物衰老的一个最显著的特征。本试验所用实验材料 649 果皮颜色比 D0313 显著要绿，而且 649 叶片也比 D0313 叶绿素含量高，这是这两个品种在外观上差别较大的地方，这可能也是它们在衰老特性表现上不同的基础。D0313 果皮叶绿素含量下降时间早，速度快，果皮颜色很早就变黄；而 649 相对来说果皮叶绿素含量高，到授粉后 40d 左右果皮才开始变黄，而此时 D0313 已经是深黄色。两个品种果实外观如此明显的差距可能暗示它们果实内部生理生化指标的变化也是不同的。

2. 黄瓜果实成熟衰老特性与细胞膜脂过氧化作用的关系

植物组织衰老（包括叶片、果实）时，膜质过氧化作用加强，膜脂过氧化作用与果实衰老关系密切。牛广财（2004）等研究表明，膜质过氧化作用是苹果、梨果实衰老的重要原因。寇晓虹（2000）等通过对贮藏期间鲜枣果实衰老的研究，证明衰老机理和自由基关系密切，支持衰老的自由基学说。本试验也证明了衰老与膜质过氧化作用紧密相关。

SOD 和 POD 是细胞内清除活性氧的保护酶（王建华等，1989）。SOD 是 O_2^- 的净化剂，通过去除 O_2^- 及减少了 O_2^- 所产生的其他活性氧的浓度，从而对细胞起到保护作用；POD

能清除 H_2O_2。在本书中，SOD 酶活性下降与果皮变黄在时间上一致，比叶绿素晚 5d，表明其活性的下降是果实衰老的结果，而不是果实衰老的原因，表现出诱导酶的特性。POD 酶活性呈双峰曲线变化，第一次高峰在果皮变黄之前，第二次高峰在果皮变黄之后，所以在黄瓜果实衰老过程中，它既表现出保护酶的特性，又有诱导酶的特性。果实衰老过程中，D0313保护酶活性下降时间早于对照 649，且其保护酶下降的速度快，表明 D0313 果实抵御活性氧毒害的能力弱，这可能是其早衰的一个主要原因。

MDA 是膜质过氧化作用的产物，能够对细胞产生毒害作用。由本试验结果可知，MDA 的积累早于叶绿素、膜透性等其他生理生化指标的变化，表明膜质过氧化作用是果实衰老过程中发生较早的事件，它的启动会导致其他指标的变化。因此，膜质过氧化作用在果实衰老过程中占有很重要的地位。

3. 黄瓜果实成熟衰老过程中大分子物质代谢的变化

黄瓜果实成熟衰老过程中，蛋白质的降解速度大于其合成速度，总体上表现为下降趋势，这与颉敏华等（2004）研究的苦瓜采后衰老生理生化特性的结果相同。黄瓜品种 D01313果实中可溶性蛋白质含量较 649 低，这可能是 D0313 果实衰老早，从植物体中吸收的营养物质少，不能满足蛋白质合成过程对营养物质的需求。衰老在植株、器官、组织、细胞、细胞器各个水平上似乎存在着一个清晰、有序的系统，它不仅使营养物质从衰老器官中大量撤退，更重要的是使养分高效再分配。沈成国研究小麦叶片衰老时认为，小麦生育后期，植株体内光合产物运输分配和衰老细胞内含物（包括贮藏物质、结构物质、矿质元素）的转移和再分配之间，二者是相辅相成，又是相克相制的。在大田生产中，维持产量的形式，品质的改良，有赖于这两类运输分配适当配合。细胞内含物转移的迟早和数量在生产实践中有重要意义，如小麦叶片中细胞内含物过早转移便引起早衰，减少光合产物；过迟的转移会贪青晚熟，拖延叶片同化物的集中和向外转移，对产量的形成是不利的。本书中我们研究了一个与蛋白质降解和氨基酸分解代谢产物再同化利用有关的 GS 活性，从 GS 活性看，品种 D0313 比 649 上升的时间早，说明品种 D0313 比 649 的大分子降解产物转移再利用的时间要早，进一步认为 D0313 比 649 早衰。衰老细胞内含物的转移和再分配是个十分复杂的过程，涉及许多生理生化代谢过程，而本研究只是初步研究了一个相关指标的变化，只是初步探讨了不同衰老类型间细胞内含物的再分配，因而关于衰老细胞内含物的转移和再分配还有待于更深一步的研究。

4. 黄瓜果实成熟衰老过程中呼吸速率的变化

Bial 和 Yang（1981）把呼吸跃变看做是果实在细胞水平上生命开始终止的一种信号。Watada 等（1984）则认为：呼吸跃变是植物某个部分个体发育时期与自然呼吸上升和乙烯自身催化生成相联系的一系列生物化学变化。本书的研究结果表明：在果实成熟衰老前期 D0313 和 649 均无呼吸跃变发生，这与前人研究的黄瓜果实属于非跃变型果实结果相一致；在黄瓜果实成熟衰老后期，D0313 和 649 呼吸出现峰值，此时果实内部各项生理生化指标变化剧烈，而且果皮细胞线粒体内部结构也开始瓦解，显然这是果实衰败的一种表现。

5. 黄瓜果实成熟衰老指标的筛选

黄瓜衰老是一种复杂的生物现象，主要受遗传基因和环境因素的制约，但由于其生理代谢过程的复杂性、环境因子的多变性及两者互作的综合性，给田间衰老程度、衰老时间早晚鉴定带来困难。外观指标只反映了黄瓜果实生育后期形态、颜色的变化，不同衰老表型或同一衰老表型不同品种间往往有质的差别，外观指标虽简单直观，但它不能及时、早期诊断衰老真实情况。因此，符合实际需要的、简便、快速准确的衰老生理生化指标筛选一直受到广泛重视，研究亦较多。而且，关于成熟衰老指标的筛选主要集中在叶片衰老的研究上。沈成国（1996）提出，从实际需要出发理想的衰老筛选技术指标应要求：（1）取样时，需要相对小量的植物材料；（2）适合于大量样本；（3）足以标志出叶片衰老的明显变化和诊断结果；（4）测定方法简单、快速、方便、准确。而且，他借助主成分分析对小麦旗叶衰老过程中的有关生理指标进行了筛选。

主成分分析方法能在总体信息损失较少的前提得到既综合各方面的信息又彼此不相关的新指标，它的这个特点正适合用来解决综合评价中由指标之间的相关性所造成的信息重叠问题。于是主成分分析法被广泛应用于各类专题的综合评价中。主成分分析就是设法将原来众多具有一定相关性的指标，重新组合成一组新的互相无关的综合指标来代替原来指标，同时根据实际需要从中可取几个较少的综合指标尽可能多地反映原来指标的信息。然而，主成分分析是一种客观赋权法，是通过对数据本身所包含的客观信息进行提取分析，从中找出规律以确定权系数的大小。该方法过分依赖于客观数据，确定的权数有时与指标的实际重要程度相悖。灰色系统（Gray System）理论是邓聚龙在20世纪70年代末80年代初提出的，它是针对既无经验、数据又少的不确定性问题，即"少数据不确定性问题"提出的，该理论已经广泛应用于石油、地质、医学、工业控制、管理和农业等各个领域。灰色关联分析的"实质"是对系统的所有参考系的、有测度的整体比较，目的是对运行机制与物理原型不清晰或者根本缺乏物理原型的灰关系序列化、模式化、进而建立灰关联分析模型，使灰关系量化、序化、显化。此种方法是主观赋权法，多是采用综合咨询评分的定性方法。这类方法因受到人为因素的影响，往往会夸大或降低某些指标的作用，致使排序的结果不能完全真实地反映事物间的现实关系。因此，将两种方法结合，即结合主、客观赋权结果，综合评价确定指标的权数。虽然主观赋权法在确定权系数中具有主观性，但在确定指标权数的排序方面具有较高的合理性。因此，在求指标权重时，应以主观赋权为基础，通过分析、客观赋权法得出的权系数排序之间的关系，确定指标权数。若两类方法得出的权系数排序不一致，应根据指标重要程度等级作不同的处理。

本书利用主成分分析和灰色关联度分析两种方法，分别对黄瓜果实成熟衰老过程中可溶性蛋白质含量、叶绿素含量、MDA 含量、GS 活性、SOD 活性、POD 活性等 9 个生理生化指标进行了综合评价，筛选出叶绿素含量、可溶性蛋白质含量和SOD 活性等 4 个生理生化指标作为黄瓜果实成熟衰老鉴定指标。其中，可溶性蛋白质含量可用 Bradford 考马斯亮蓝法测定，此种方法灵敏度较高，时间短；叶绿素含量可用95% 乙醇浸泡法等。上述几种测定方法需要样品较少、简便、快速、准确，且适合大批样本的测定，结果重复性较好，可作为育种、栽培学家田间鉴定衰老状况的生理生化指标。

6. 黄瓜果实衰老进程的划分

前人对成熟衰老进程进行了较多研究，但看法不一。

Goldthwait（1986）等研究酸模叶片的衰老（离体叶）时发现叶绿素降解动力学不均一，并将其划分为两个时期：一个称为缓衰期（lag phase），在此期间，叶绿素降解到初始叶绿素的 10%～12% 为止；另一个成为速衰期（log phase），在此期间叶绿素呈指数下降。Patterson（1980）把衰老的过程分为三个过程：（1）诱导期；（2）积极衰老期；（3）植株或器官的死亡。Whoolhouse（1982）将叶片的发育过程分为四个时期：叶的发生与展开期、叶片成熟期、叶片速黄期和叶片细胞崩溃期。沈成国（1998）以 Pn 为主要指标将小麦叶片的衰老过程分为三个时期：（1）缓衰期，此期内 Pn 缓慢下降，其他生理生化指标变化缓慢，叶片仍保持绿色；（2）速衰期，此期内 Pn 大幅度下降，其他指标变化剧烈，叶片叶色褪绿、转黄、转黄过程是由叶尖呈倒 V 形向基部扩展；（3）竭衰期，叶片枯黄。王蔚华（2002）将小麦剑叶衰老过程划分为三个时期：功能稳定期，叶绿素、可溶性蛋白质含量基本稳定，SOD、POD 活性上升，MDA 含量略有上升；缓衰期，叶绿素含量下降较快，可溶性蛋白质含量和 SOD、POD 活性下降平缓，MDA 含量增加较；速衰期，可溶性蛋白质含量和 SOD、POD 活性等快速下降，MDA 含量增加幅度明显增大。对于果实衰老进程的划分研究甚少，只是对番茄的果实发育过程有较明确的划分，分为绿熟期、转色期等 5 个时期。

本书通过对果实外观结构，生理生化指指标的变化以及果皮细胞超微结构的改变三个方面对衰老进程进行划分，将黄瓜果实衰老划分为三个时期：（1）诱导期，由于 LOX 活性在授粉后第 15d 就表现上升，说明此时膜质过氧化已经开始，LOX 是个衰老早期鉴定指标，表明果实衰老已经被诱导。此期内可

溶性蛋白质含量、叶绿素含量、MDA 含量、呼吸速率、SOD
活性等指标基本保持不变或变化不明显，而且，黄瓜果皮细胞
细胞壁中胶层仍然存在，叶绿体超微结构开始变化但并没有丧
失功能，线粒体超微结构基本完好，果皮呈绿色。但两个品种
进入该时期的时间不同，D0313 是授粉后 15～20d 表现为诱导
期；而 649 是授粉后 15～30d 表现为诱导期。（2）积极衰老
期，该时期内可溶性蛋白质、叶绿素含量急剧降低，SOD 活
性出现高峰，呼吸速率也有个小的峰值，MDA 含量持续增加，
果皮开始退色，转黄过程是由瓜把向瓜的尖端开始。而且此
时，果皮细胞细胞壁中胶层已完全消失，叶绿体膨大变形而且
内部结构开始紊乱，线粒体内脊数目变少。两个品种积极衰老
期的具体时间为，D0313 是授粉后 20～40d，649 是授粉后
30～45d 左右。（3）器官的竭衰期，该时期 GS 活性和组织相
对电导率迅速升高，叶绿素含量继续缓慢下降，可溶性蛋白质
含量、SOD 活性、POD 活性和呼吸速率迅速下降，果皮已经变
黄。GS 活性的急速升高表明果实细胞内含物的转移和再利用
加剧，因而也说明果实进入最后的衰竭期。而且，果皮细胞壁
物质降解并出现明显质壁分离现象，叶绿体结构已经瓦解，线
粒体外部结构和内部结构已完全降解。而且，克隆得到的
CSLOX 基因在果实发育不同时期的表达情况也基本与此进程相
符。这样从外部形态，生理生化指标，微观结构以及分子生物
学五个层面可以将黄瓜果实衰老进程进行系统分析，能够较准
确的阐述黄瓜果实衰老的特性。

　　果实成熟期与果实衰老的诱导期很难区分，从黄瓜果实来
看，果实的成熟也正是果实衰老的开始，因而也可以把果实的
衰老诱导期看成是果实的成熟期。两个品种相比较来看，早衰

品种 D0313 的衰老诱导期较短，果实很快进入衰老阶段，然而 D0313 果实的积极衰老期相对较长。而品种 649 的衰老诱导期很长，大约有 15d 的时间，这期间 649 果实始终处于一个成熟和衰老的早期阶段，而其积极衰老期和衰竭期较短，说明果实从衰老初期后就表现出激烈的衰老症状，很快达到末期。也正是由于两个品种在衰老进程上存在较大区别，从而使两个品种分别表现为早衰和晚衰类型。研究表明，推迟作物衰老应尽量延长初期的组织代谢阶段，而不是总的生命跨度绝对地延长，因而应避免一味延缓衰老，而不分衰老时期、品种衰老类型的盲目做法。衰老诱导期、积极衰老期早期，是调控果实衰老或早衰品种植株生命的适宜时期，认识到这一点在培育和鉴定非早衰品种或采取延衰措施在实践中都是很重要的。

四、结论

1. 黄瓜品种 D0313 的果实横径增长快，649 果实纵径增长快，而且 D0313 果实比 649 果实先停止生长。授粉后 25d 和 35d，D0313 和 649 的果实外观上分别表现出衰老症状。

2. 在黄瓜果实成熟衰老过程中可溶性蛋白质含量、叶绿素含量、SOD 活性逐渐下降，而 MDA 含量、相对电导率、GS 活性、LOX 活性以及呼吸速率呈逐渐上升的趋势。而且，两个品种之间各指标的变化趋势均表现出 D0313 比 649 衰老症状出现的早。

3. 黄瓜果实衰老划分为三个时期：（1）衰老诱导期，此时期果实外观仍为绿色，生理生化指标基本维持不变，细胞微观结构也没有明显衰老症状。（2）积极衰老期，该时期内果实开始变黄，生理生化指标变化剧烈，细胞微观结构也表现出明显的衰老迹象。（3）器官竭衰期，该时期果实外观已完全老化，生理生化指标继续稳定变化，细胞微观结构开始瓦解。

4. 筛选出叶绿素含量、可溶性蛋白质含量、MDA 含量、SOD 活性四个衰老鉴定指标和 LOX 活性衰老早期鉴定指标。这些指标重复性好、准确性高、操作方便快捷，适合作为黄瓜果实衰老生理生化鉴定指标。

第二节　黄瓜果实不同部位不同节位衰老特性

一、材料与方法

1. 试验材料

以黄瓜品种 D0313（早衰，第一雌花节位 3~4 节，叶片浅绿色，植株抗病性差）和 649（对照，第一雌花节位 4~5 节，叶片深绿色，植株抗病性强）为材料，种子由东北农业大学园艺学院黄瓜课题组提供。

2. 试验方法

黄瓜品种 D0313 和 649 由东北农业大学园艺学院黄瓜课题组提供。试验于 2005 年 3 月 25 日播种，5 月 2 日黄瓜 3 叶 1 心期定植在东北农业大学塑料大棚里，采用随机区组排列，3 次重复，5 月 22 日黄瓜初花期开始授粉，挂牌标记。选取长势一致，同天授粉同节位的黄瓜作为果实不同部位衰老特性研究的试验材料；选取长势一致，同一植株，不同节位，授粉后生长天数相同的黄瓜作为同一植株不同节位黄瓜果实衰老特性研究的材料，每隔 5d 取样 1 次。为使每个黄瓜样品初始条件尽量相同，植株打掉根瓜，每个植株只留两个授粉的瓜。将瓜纵切成 1/2、1/4、1/8，然后取其中一份的头部，中部和尾部

1cm长的小块切碎，混合均匀，用于各项指标的测定，每个指标测定取3个瓜，3次重复。2005年8月将试验在东北农业大学节能温室内做第二次重复。

1）果皮叶绿素含量测定

采用95%乙醇浸提法测定果皮叶绿素含量（王晶英等，2002）。

取新鲜植物叶片（或其他绿色组织）或干材料，擦净组织表面污物，去除中脉剪碎。称取剪碎的新鲜样品2g，放入研钵中，加少量石英砂和碳酸钙粉及3ml 95%乙醇，研成匀浆，再加乙醇10ml，继续研磨至组织变白。静置3~5min。

取滤纸1张置于漏斗中，用乙醇湿润，沿玻棒把提取液倒入漏斗，滤液流至100ml棕色容量瓶中；用少量乙醇冲洗研钵、研棒及残渣数次，最后连同残渣一起倒入漏斗中。

用滴管吸取乙醇，将滤纸上的叶绿体色素全部洗入容量瓶中。直至滤纸和残渣中无绿色为止。最后用乙醇定容至100ml，摇匀。

取叶绿体色素提取液在波长665nm、645nm和652nm下测定吸光度，以95%乙醇为空白对照。

叶绿素 a = $(12.7A_{665} - 2.69A_{645}) \times V/(1\,000 \times W)$

叶绿素 b = $(12.7A_{645} - 2.69A_{665}) \times V/(1\,000 \times W)$

总叶绿素 = 叶绿素 a + 叶绿素 b

2）果实丙二醛（MDA）含量测定

准确称取1.000g黄瓜果实，加入10% TCA 2ml和少量石英砂，研磨至匀浆，再加3ml 10% TCA进一步研磨，匀浆以4 000 r/min离心10min，上清液为样品提取液（王晶英，2002）。

吸取离心的上清液 2ml（对照加 2ml 蒸馏水），加入 2ml 0.6％硫代巴比妥酸（TBA，用 10％ 三氯乙酸配置）溶液，混匀物于沸水浴上反应 10min，迅速冷却后再离心。取上清液测定 532nm、600nm 和 450nm 波长下的消光度值。根据双组分分光光度计算法建立如下公式：

$$C_2（\mu mol/L）=6.45（OD_{532}-OD_{600}）-0.56OD_{450}（C_2 为$$
MDA 浓度）

3）果实可溶性蛋白质含量的测定

采用考马斯亮蓝法测定果实中可溶性蛋白质含量（王晶英等，2002）。

样品提取：称取黄瓜果实 0.5g，用 5ml 蒸馏水研磨成匀浆，3 000r/min 离心 10min，上清液即为样品提取液。

样品测定：吸取样品提取液 1.0ml，放入试管中，加入 4ml 蒸馏水稀释，再加入 5ml 考马斯亮蓝试剂，摇匀，放置 2min 后在 595nm 下比色，测定吸光度值，并通过标准曲线查得可溶性蛋白质含量。

4）谷氨酰胺合成酶（GS）活性的测定

试剂配置：（O'Neal et al，1973）

提取缓冲液：0.05mol/L Tris－HCl，pH＝8.0，内含 2mmol/L Mg^{2+}，2mmol/L DTT（二硫苏糖醇），0.4mol/L 蔗糖。

反应混合液 A：0.1mol/L Tris－HCl 缓冲液，pH＝7.4。内含 80mmol/L Mg^{2+}，20mmol/L 谷氨酸钠盐，20mmol/L 半胱氨酸和 2mmol/L EGTA。

反应混合液 B：反应混合液 A 的成分再加入 80mmol/L 盐酸羟胺，pH＝7.4。

显色剂：0.2mol/L TCA，0.37mol/L $FeCl_3$ 和 0.6mol/L

HCl 混合液。

40mmol/L ATP 溶液：0.121 0g ATP 溶于 5ml 去离子水中（临用前配置）。

方法：

称取 3g 果实于研钵中，加入 5ml 提取缓冲液，置冰浴上研磨匀浆，静置 3min 以充分提取，转移于离心管中，4℃下 12 000r/min 离心 20min，上清液即为粗酶液。

1.6ml 反应混合液 B，加入 0.7ml 粗酶液和 0.7ml ATP 溶液，混匀，于 37℃下保温 1h，加入显色剂 1ml，摇匀放置片刻后，于 5 000r/min 下离心 10min，取上清液测定 540nm 处的吸光值，以加 1.6ml 反应混合液 A 的为对照。

取粗酶液 0.5ml，用水定容至 100ml，取 2ml，用考马斯亮蓝 G - 250 测定可溶性蛋白质含量。

结果计算：

$$GS \text{ 活力} = A / (P \times V \times T)$$

A：540nm 处吸光值

P：粗酶液中可溶性蛋白质的质量浓度（mg/ml）

V：反应体系中加入的粗酶液体积（ml）

T：反应时间（h）

GS 活力是以每毫克酶蛋白在每小时催化生成的 γ - 谷氨酰基异羟肟酸与铁络合的产物在 540nm 处的吸光值的大小来表示。

3. 数据处理

试验数据分析用 Excel 和 SPSS 数据处理软件完成。

二、结果与分析

1. 黄瓜果实成熟衰老过程中不同部位衰老特性的研究

1）黄瓜果实衰老过程中果皮、果肉、果心 MDA 含量的

变化

通过前面对各项生理生化指标的分析，表明黄瓜果实成熟衰老过程与膜脂过氧化作用关系密切，MDA 是膜脂过氧化程度的重要标志，所以可以用 MDA 含量高低来表示膜脂过氧化作用对黄瓜果实细胞伤害程度的大小。由图 6-10 可知，黄瓜果实不同部位成熟衰老过程中 MDA 含量表现为：果皮 > 果心 > 果肉，表明膜质过氧化作用对黄瓜果实各部分的伤害程度为：果皮 > 果心 > 果肉。D0313 的果皮中 MDA 含量最高，开始呈现上升趋势的时间早（授粉后 20d 左右）且上升速度快。D0313 的果肉中 MDA 含量在授粉后 15~35d 内几乎没有变化，从 35d 开始快速上升，表明果肉细胞中膜脂过氧化作用较平缓。D0313 的果心中 MDA 含量介于果皮和果肉之间，授粉后 25d 左右果心细胞中的 MDA 含量呈现上升趋势。

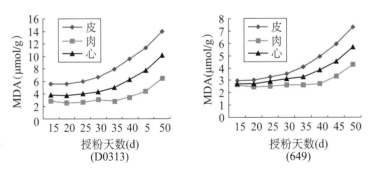

图 6-10　果实衰老过程中 D0313 和 649 果皮、果肉、果心 MDA 含量的变化

Fig. 6-10　Changes in MDA content of D0313 and 649 cucumber fruits（peel，flesh and core）during senescence

品种 649 的果皮、果肉、果心中 MDA 含量的变化曲线见图 6 - 10。由图可知，其各部位的变化趋势与品种 D0313 果实中各部位的变化相似，但在各部位的 MDA 含量以及 MDA 的上升时间以及上升速度上有很大差别。授粉后 15 ~ 25d 之间，649 的果皮、果肉、果心中 MDA 含量变化不明显，且三者之间差别不大，此时膜脂过氧化作用较小。从授粉后 30d 开始，果皮、果肉、果心中的 MDA 含量差别表现明显，此时膜脂过氧化作用开始加强。果皮、果肉和果心中的 MDA 含量开始快速上升的时间分别为授粉后的 30d、35d 和 40d。在黄瓜果实的整个成熟衰老过程中，品种 649 的各部位中 MDA 含量表现为：果皮 > 果心 > 果肉，MDA 开始上升时间和上升速度表现为：果皮 > 果心 > 果肉。

2）黄瓜果实衰老过程中果皮、果肉、果心可溶性蛋白质含量变化

品种 D0313 的果皮、果肉、果心中可溶性蛋白质含量变化曲线见图 6 - 11。由图可知，D0313 果皮中可溶性蛋白质含量远高于果肉和果心，表明 D0313 的果实中大部分蛋白质都贮存在果皮中，其次是果心，果肉中的蛋白质含量最少。果皮、果肉、果心中可溶性蛋白质开始下降的时间分别为授粉后20d、25d 和 30d 左右。授粉后 25d 时，果皮颜色开始变黄，此时果皮中可溶性蛋白质含量开始快速下降。果心和果肉中可溶性蛋白质含量开始快速下降的时间分别为授粉后 30d 和35d。从大分子物质降解角度来看，D0313 的果实各部位衰老先后顺序表现为：果皮 > 果心 > 果肉，这一结论与从膜脂过氧化角度分析得到的 D0313 的果实各部位衰老先后顺序的结果相一致。

黄瓜品种 649 的果皮、果肉、果心中的可溶性蛋白质含量变化见图 6-11。由图可知，649 的果皮、果肉、果心中可溶性蛋白质含量变化趋势较一致：先升后降。授粉后 15d 时，果皮中的可溶性蛋白质含量远高于果肉和果心，果肉中可溶性蛋白质含量最低，在可溶性蛋白质含量多少的分布部位上与 D0313 相同，但不同的是 649 果实各部位中可溶性蛋白质含量的差距比 D0313 小。授粉后 15～20d 之间，果皮中可溶性蛋白质含量在上升，20～25d 之间基本没有变化，此时果皮中的可溶性蛋白质含量最高，从 25d 开始下降。果肉中的可溶性蛋白质含量在授粉后 15～25d 之间表现上升趋势，25～30d 较稳定，之后开始下降。果心中的可溶性蛋白质含量变化幅度最小，在 15～20d 之间上升，20～30d 之间变化不明显，从 30d 开始下降。从大分子物质降解角度来看，649 的果实中各部位衰老先后顺序表现为：果皮 > 果心 > 果肉。

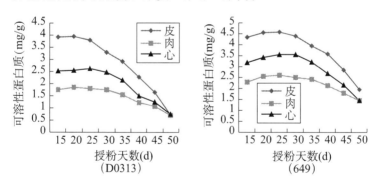

图 6-11　果实衰老过程中 D0313 和 649 果皮、果肉、果心
可溶性蛋白质含量的变化

Fig. 6-11　Changes in soluble protein content of D0313 and 649
cucumber fruits（peel，flesh and core）during senescence

综上所述，通过对黄瓜品种 D0313 和 649 果实在成熟衰老过程中其果皮、果肉、果心中 MDA 和可溶性蛋白质含量变化进行分析可得：在总体变化趋势上，品种 D0313 和 649 的果实各部位 MDA 和可溶性蛋白质含量变化基本一致。但是，在相应指标的变化时间和速度上，品种 D0313 的各部位较品种 649 的相应部位变化早且快。

2. 同一植株不同节位黄瓜果实衰老特性的研究

1）不同节位黄瓜果实叶绿素含量的变化

在同一植株不同节位生长天数相同的黄瓜果实，其衰老进程是否相同。本试验分别取黄瓜品种 D0313 和 649 同一植株上下两个不同节位的黄瓜果实，测量成熟衰老过程中一些生理生化指标的变化，从而来研究同一植株不同节位黄瓜果实的衰老特性（表 6 - 6）。叶绿素含量降低是黄瓜果实衰老的一个主要指标，其含量高低和降解快慢，在一定程度上反映了果实衰老的快慢。从表 3 - 9 中可知，品种 649，叶绿素总含量上下两个节位变化基本相似，授粉后 15 ~ 30d，低节位的黄瓜果皮叶绿素总含量要显著高于高节位的黄瓜果皮叶绿素总含量；但授粉后 35 ~ 45d，低节位的黄瓜果皮叶绿素总含量要明显低于高节位的果皮叶绿素总量。而 Chla/Chlb 的变化确是高节位的黄瓜果皮明显低于低节位的 Chla/Chlb，说明在黄瓜果皮成熟衰老过程中 Chla 的下降快于 Chlb。陆定志等（1997）认为，衰老进程中 Chla 分解速度比 Chlb 快，Chla/Chlb 比值的变化可作为衰老的一个指标。而品种 D0313，叶绿素总含量和 Chla/Chlb 的变化基本一致，上下两个不同节位的值没有明显的差别。

表6-6　品种649和D0313不同节位黄瓜果实叶绿素含量的变化

Tab. 6-6　Changes of chlorophyll content in different position fruits on main stem of cucumber

时间(d)	649			D0313		
	节位	Chla+Chlb	Chla/Chlb	节位	Chla+Chlb	Chla/Chlb
15	14节	867.90±61.23aA	1.64±0.03aA	17节	394.91±17.84aA	1.82±0.02aA
	19节	757.95±75.10bA	1.61±0.25aA	22节	298.39±24.06bA	1.89±0.05aA
20	9节	902.06±14.29aA	1.77±0.01aA	16节	665.50±29.07aA	1.50±0.07aA
	11节	575.00±35.58bB	1.87±0.02bA	26节	560.82±36.55aA	1.64±0.04aA
25	13节	852.02±33.54aA	1.81±0.18aA	16节	533.45±12.41aA	1.73±0.04aA
	14节	994.24±24.49bB	0.84±0.07bB	23节	629.58±6.43bB	1.79±0.04aA
30	18节	1537.31±38.56aA	1.76±0.08aA	15节	433.49±74.18aA	1.78±0.09aA
	20节	1190.48±58.52bA	1.18±0.12bA	24节	477.65±21.34aA	1.64±0.05bA
35	11节	1001.55±75.10aA	1.35±0.14aA	20节	415.77±17.73aA	2.20±0.03aA
	17节	1233.00±77.28bB	0.90±0.10bB	27节	509.88±69.07aA	1.87±0.04bA
40	13节	365.41±58.68aA	2.25±0.11aA	21天	429.77±28.78aA	1.91±0.01aA
	18节	1195.17±28.02bB	1.40±0.07bB	22天	356.83±10.01aA	2.19±0.02bB
45	12节	322.88±32.33aA	2.11±0.01aA	21节	213.54±5.76aA	2.09±0.01aA
	18节	844.28±24.54bB	1.55±0.10bA	22节	175.67±20.02bA	2.16±0.01bB

小写字母代表P≤0.05水平；大写字母代表P≤0.01水平

small letters indicated P≤0.05; capital letters indicated P≤0.01

2）不同节位黄瓜果实可溶性蛋白质、MDA 含量和 GS 活性变化

同时，对 D0313 和 649 两个品种不同节位黄瓜果实的可溶性蛋白质含量，MDA 含量和 GS 活性进行了研究。从表 6 - 7 中可知，品种 649 成熟衰老过程中高节位黄瓜果实 MDA 含量都显著比低节位黄瓜果实 MDA 含量大。MDA 为膜脂过氧化的最终产物，其含量高低反映了细胞膜脂过氧化水平。因而说明，在黄瓜同一植株高节位果实过氧化作用比低节位的严重。GS 活性与内源性蛋白降解和氨基酸分解代谢产生的氨的再同化和氨的转运有关。因而，GS 活性高低与氨的再利用有关，植物衰老后期存在氮素再利用的过程。从表中可以看到，品种 649 GS 活性在黄瓜果实授粉后 15 ~ 45d，高节位果实均都显著高于低节位果实的 GS 活性。说明，节位高的黄瓜果实中内源蛋白质降解和氨基酸分解代谢产生氨的再同化和运转能力高于节位低的黄瓜果实，也就是高节位的黄瓜果实氮素的再利用比低节位的果实早。然而，649 不同节位黄瓜果实的可溶性蛋白质含量的差异并不明显。品种 D0313，可溶性蛋白质含量和 MDA 含量不同节位差异不明显，GS 活性表现出节位高的比节位低的 GS 活性要高。

综合以上各指标的变化情况，对于 649，在同一植株上，生长天数相同，节位不同的黄瓜果实节位较高的表现出较容易出现衰老迹象，而节位较低的黄瓜果实衰老症状表现的要晚。即对于同一植株不同节位的黄瓜果实，节位越高越容易衰老。而对于 D0313，各个节位的生理指标表现得并不十分明显，因而，不能断定 D0313 品种同一植株不同节位的黄瓜果实衰老的顺序。

表6-7　品种649和D0313不同节位黄瓜果实可溶性蛋白质、MDA含量和GS活性的变化

Tab. 6-7　Changes of soluble protein content, MDA content and GS activities in different position cucumber of main stem

时间 (d)	节位	649 Pr	MDA	GS	节位	D0313 Pr	MDA	GS
15	14节	3.79±0.32aA	1.37±0.05aA	2.52±0.13aA	17节	3.56±0.09	1.28±0.22aA	2.97±0.07aA
	19节	3.91±0.33aA	1.77±0.07bA	2.72±0.09aA	22节	4.31±0.24	1.56±0.33aA	1.84±0.10bB
20	9节	2.49±0.24aA	1.28±0.22aA	1.85±0.13aA	16节	3.63±0.21	2.71±0.30aA	3.23±0.03aA
	11节	2.4±0.43aA	1.89±0.24bB	2.51±0.06bA	26节	2.22±0.35	1.44±0.24bA	3.41±0.05bA
25	13节	2.76±0.12aA	0.95±0.11aA	3.59±0.16aA	16节	2.54±0.33	1.95±0.11aA	3.55±0.10aA
	14节	1.81±0.14bA	1.48±0.09bB	4.82±0.46bA	23节	3.07±0.59	1.48±0.09bB	4.26±0.09bA
30	18节	1.52±0.21aA	2.32±0.38aA	3.73±0.18aA	15节	2.76±0.16	2.65±0.37aA	4.33±0.05aA
	20节	2.49±0.05bA	3.21±0.49bA	4.48±0.24bA	24节	2.13±0.10	3.21±0.49aA	4.60±0.07bA
35	11节	1.41±0.08aA	2.97±0.14aA	2.84±0.06aA	20节	1.72±0.02	4.47±0.38aA	4.34±0.10aA
	17节	2.86±0.09bB	3.59±0.08bA	4.03±0.054B	27节	1.09±0.14	4.93±0.53aA	3.14±0.08bB
40	13节	0.46±0.04aA	5.25±0.06aA	4.25±0.17aA	21天	0.99±0.04	6.25±0.06aA	6.33±0.07aA
	18节	0.80±0.05bB	5.25±0.04aA	5.83±0.09bB	22天	1.21±0.17	5.92±0.17aA	6.82±0.06bB
45	12节	0.33±0.01aA	5.61±0.07aA	4.58±0.39aA	21节	0.36±0.03	6.84±0.09aA	4.84±0.10aA
	18节	0.45±0.02bB	6.03±0.04bA	6.92±0.01bB	22节	0.35±0.03	7.03±0.04aA	6.80±0.07bB

小写字母代表 P≤0.05 水平；大写字母代表 P≤0.01 水平

small letters indicated P≤0.05; capital letters indicated P≤0.01

三、讨论

在果实上，不同部位的组织衰老速率不同。香蕉果皮、果肉后熟不同步，其生理特性存在明显的差别。与果皮相比，果肉 EFE（又称 ACC 氧化酶）活性高峰较早，ACC 含量较高，而果肉 ACC 氧化酶活性的升高是激发整个果实后熟时以及自我催化作用的关键因子（Dominguez 和 Vendrell，1993）。但柯德森等（1998）并未证明果皮、果肉内 EFE 活性的含量与高峰出现早晚的差别，此外，果皮、果肉的活性氧产生速率也相似。Moyaleon 和 John（1994）通过加入 Fe^{2+}、抗坏血酸、CO_2 刺激果肉 EFE 活性，而不刺激果皮 EFE 活性，而果皮 EFE 活性高峰明显高于果肉，结果同样不支持上述果肉激发整个果实后熟之说。

在苹果上，后熟期果皮 EFE 活性高于果肉，ACC 含量则相反（Mansour et al，1986；Uthaihutra 和 Gemma，1990），果心 ABA 高于果肉（李杰芬等，1987）。这种差别关系到全果的后熟。桃果肉是果实主要的乙烯来源，种子中的胚和胚乳只产生少量的乙烯，并具有 ACC 合成酶和 ACC 氧化酶活性（Mizutani，1998）。关军锋（1994）测定了采后雪梨衰老过程中果心和果肉中的 MDA 含量，结果表明在大体上果心中的 MDA 含量大于果肉中 MDA 的含量。非跃变型荔枝果实果皮的乙烯产生能力比果肉、种子强（江延平等，1986）。

黄瓜是一种非呼吸跃变型果实，在果实成熟衰老过程中没有呼吸峰以及乙烯释放高峰出现，而且是一次生长型果实，没有后熟作用，因此它的衰老机理可能与呼吸跃变型果实的不同。本试验从膜质过氧化作用（MDA 含量变化）和大分子物质降解（可溶性蛋白质含量变化）两个方面研究了黄瓜果实成熟衰老过程中果实不同部位（果皮、果肉、果心）衰老先后顺序，结果表明 D0313 和 649 果实各部位衰老的先后顺序表现为：果皮 > 果心 > 果肉。黄瓜果实不同部位成熟衰老过程中 MDA 含量表现为：果皮 > 果心 > 果肉，表明膜脂过氧化作用对黄瓜果实各部分的伤害程度为：果皮 > 果心 > 果肉。D0313 的果皮中 MDA 含量最高，开始呈现上升趋势的时间早且上升速度快，这一方面可能与果皮细胞在光合作用过程中发生电子泄露，产生活性氧物质有关，另一方面可能由于果皮直接与外界环境进行接触，环境条件的变化会直接影响到果皮细胞内各种代谢过程，促进活性氧的产生。果皮对果实起保护作用，直接与外界接触，所以外界条件对果实的作用首先发生在果皮上，果皮内部各种生理生化反应就会受到相应影响，这可能是果皮衰老的一个重要原因。黄瓜种子发育和成熟过程需要消耗养分，从养分供应就近原则来看，种子会从与其距离最近的果心中吸取养分，来满足自己的发育，这可能是果心衰老的重要原因。果肉在位置上处于果皮和果心之间，既不会直接受到外界条件的影响，也不会直接受到种子发育的影响，而且果肉中大部分成分都是水分，这对延迟其衰老可能也起到一定作用。

在同一植株上，不同节位的黄瓜果实衰老顺序也是不同的。本研究对同一植株生长进程相同不同节位的黄瓜果实成熟衰老过程中几个生理生化指标进行了测定，从而分析其衰老的初步规律。结果表明，耐衰老品种 649 的不同节位黄瓜果实的 Chla/Chlb、MDA 含量、GS 活性等指标表现出较明显的规律，即上部节位的果实衰老的进程要快于下部节位的果实。而在对易衰老品种 D0313 这些生理生化指标的测定中并没有发现较明显的规律，即上下节位瓜的衰老顺序规律性并不强。从植株的生长势看，649 是个生长势很强的植株，生长旺盛，枝繁叶茂，在黄瓜果实发育的后期植株仍然能够为果实提供营养物质。而 D0313 的生长势相对较弱，植株的存活时间也比 649 短。在黄瓜果实发育后期，D0313 的植株基本已经停止向果实提供养分。因此，649 果实是在植株本身能够正常进行营养交换的情况下衰老的，是个完全自然的衰老过程，而 D0313 的果实发育末期已经基本停止与植株进行营养交换。有研究报道，植株发育过程中营养物质先供应上部生长发育快速的部位。黄瓜植株生长过程中营养物质可能优先供应节位较高的果实，同时可能一些与衰老有关的信号传导物质也优先传递到节位较高的果实中，因而可能导致果实先接收到衰老信号而率先表现出衰老症状。而 D0313 果实衰老并不是在正常情况下进行的，由于植株早衰，可能这种信号传递作用并不明显，因而，D0313 不同节位的果实衰老顺序也并不十分明显。关于同一植株上，不同节位黄瓜果实衰老顺序的规律这只是初步推断，今后可利用同位素标记的方法来探讨营养物质供应顺序以及细胞内含物撤退顺序等来进一步更深入的研究。

四、结论

黄瓜果实内部衰老先后顺序为：果皮＞果心＞果肉。对于 649，在同一植株上，生长天数相同，节位不同的黄瓜果实节位较高的表现出较容易出现衰老迹象，而节位较低的黄瓜果实衰老症状表现的要晚。对于 D0313，各个节位的生理指标表现得并不十分明显，因而，不能确定 D0313 品种同一植株不同节位的黄瓜果实衰老的顺序。

第七章

黄瓜果实脂氧合酶基因的
克隆与表达分析

第一节　*LOX* 基因 cDNA 克隆

一、材料与方法

1. 试验材料

1）植物材料

以黄瓜品种 D0313 授粉后 32d 果实作为材料，提取果实总
RNA。种子由东北农业大学园艺学院黄瓜课题组提供。

2）菌种和质粒

大肠杆菌（*Escherichia coli*）所用菌株为 *DH5α*；所用载体
pGEM® T－Easy 购自 Promega 公司。

3）分子生物学及生化试剂

Taq DNA 聚合酶为 MBI 公司产品；Trizol 试剂为上海生工
产品，M-MLV 反转录酶为 TaKaRa 产品；各种限制性内切酶购
自 TaKaRa 公司；胶回收试剂盒购自上海华舜公司；IPTG 和
X-gal 试剂购自 Promega 公司；DIG High Prime DNA Labeling
and Detection Starter Kit Ⅱ 购自 Roche 公司；TaKaRa 3'-Full
RACE Core Set 购自 TaKaRa 公司；其他试剂均为国产的分
析纯。

4）细菌培养基

LB 培养基：每升培养基含蛋白胨 10g，酵母提取物 5g，
氯化钠 10g，pH7.2。固体培基含 1.6% 的琼脂。

抗性筛选培养基：在每升 LB 液体或固体培养基中加 100mg/ml 的 Amp 贮藏液 1ml。

蓝白斑选择培养基：在每升 LB 固体培养基中加 20mg/ml 的 X-gal 40μl 和 200mg/ml 的 IPTG 4μl。

2. 试验方法

1）黄瓜果实总 RNA 的制备

黄瓜果实组织总 RNA 的提取：

①取 0.2g 新鲜黄瓜果实，在液氮中研磨成粉末，趁液氮尚未挥发尽时，将粉末转移到 1.5ml 离心管中，加入 1ml Trizol 试剂。

②加入 200μl 氯仿/异戊醇（24∶1）或氯仿，剧烈震荡混匀 30s。

③台式离心机上，12 000rpm，4℃离心 5min。

④将上清液小心转移到 Rnase-free 1.5ml 离心管里，加入等体积的异丙醇，室温下放置 5min（注意：不要吸取任何中间物质，否则会出现染色体 DNA 污染）。

⑤台式离心机上，12 000rpm，4℃离心 5min。

⑥小心移去上清液，防止 RNA 沉淀丢失。

⑦用 70%酒精洗涤两次，每次 700μl，12 000rpm，4℃离心 2min。

⑧尽量能彻底地吸走上清，防止 RNA 沉淀丢失。将沉淀在室温下干燥 5~10min，然后加入 DEPC 处理的水中溶解，保存于 -70℃冰箱中。

注意事项：为防止 RNA 降解，所使用的枪头，离心管等均用 0.1% DEPC 处理的水浸泡过夜，然后高压灭菌；研钵、玻璃器皿、药勺等器具 180℃干热灭菌 12h；所使用的溶液均使用无 RNase 的 0.1% DEPC 处理的水配制，操作时需十分小心，勤换手套防止 RNase 的污染。

0.1% DEPC 处理水：1 000ml 去离子水中，加入 1ml DEPC 溶液，在室温下磁力搅拌振荡过夜，121℃高压灭菌 30min。

2）RNA 样品中 DNA 污染的去除

①在 RNase-free 离心管中配置以下反应液，全量 50μl。

反应体系	用量
总 RNA	20 ~ 50μg（30μl）
10 × DNase buffer	5.0μl
DNase I（RNase-free，1U/μl）	2.0μl
RNase Inhibitor（4U/μl）	0.5μl
DEPC – H_2O	12.5μl
总计	50μl

②37℃反应 20 ~ 30min；

③加入 50μl 的 DEPC-H_2O；

④加入 100μl（等量）氯仿/异戊醇（24：1），充分混匀；

⑤离心，取上层移至另一个微量离心管中；

⑥加入 100μl（等量）的氯仿/异戊醇（24：1），充分混匀；

⑦离心，去上层（水相）移至另一微量离心管中；

⑧加入 50μl（2.5 倍量）的冷无水乙醇，– 20℃放置 30 ~ 60min；

⑨离心回收沉淀，用 70% 的冷无水乙醇清洗沉淀；

⑩用 20μl DEPC – H_2O 溶解。

3）1.2% 甲醛变性琼脂糖凝胶检测总 RNA

①试剂配置

A. 10 × MOPS 缓冲液：0.4mol/L 吗啉代丙烷磺酸（MOPS）（pH7.0）；0.1mol/L NaAc；10mmol/L EDTA。

称取 4.18g MOPS 溶液于 80ml DEPC 处理的水中，用 NaOH 颗粒调 pH 值至 7.0，加入 3M 乙酸钠溶液 1.66ml，0.5M EDTA 溶液 2.0ml，DEPC 水定容至 100ml，室温避光贮存。

B. 甲酰胺：去离子。

②1.2% 甲醛变性琼脂糖凝胶的制备

A. 将制胶用具用 DEPC – H_2O 配制 70% 乙醇溶液冲洗一遍，晾干备用。

B. 配置 1.2% 变性琼脂糖凝胶：称取 0.2g 琼脂糖，置于干净的 100ml 锥形瓶中，加入 16ml 灭菌的 DEPC – H_2O，微波炉内加热时琼脂糖彻底溶解。待胶凉至 60 ~ 70℃，依次向其中加入 3.6ml 甲醛，2ml 10×MOPS 缓冲液和 0.2μl 溴化乙啶，混匀。灌制琼脂糖凝胶。

C. 样品制备：取 DEPC 处理过的小离心管，依次加入如下试剂：10 × MOPS 缓冲液 2μl，甲醛 3.5μl，甲酰胺（去离子）10μl，RNA 样品 4.5μl，混匀。将离心管置于 60℃ 水浴中保温 10min 再置冰上 2min。向管中加入 3μl 上样染料，混匀，点样。

4）扩增 *LOX* 基因的引物设计

根据葫芦科黄瓜、甜瓜、西瓜和番茄等作物已报到的氨基酸序列的保守区域，设计以下简并引物，用于克隆目的基因片段（Y = T/G；M = A/C；R = A/G；S = G/C；W = A/T；H = A/C/T；I = A/G/T/C）：

cslox1f	Tgg CAR YTN gCN AAR gCN TA
cslox2f	TgY AAY TCN Tgg gTN TAY CC
cslox2r	TAN gCY TTN gCN ARY TgC C
cslox3f	TAY CCN CgN CgN ggI Cg
cslox3r	CAN gCR TgN gTR TKN AAC CA
cslox4f	ARg ART TYg SNC gNg ARA Tg
cslox4r	TTN CAN gCN gCR TgN AAI gC

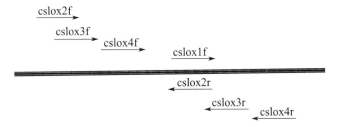

图 7 - 1　简并引物的扩增位置

**Fig. 7 - 1　Degenerate primers location on conservation
domain as amplifying**

5）*LOX* 基因的 RT - PCR

①cDNA 第一链的合成

在 RNase - free 的 0.5ml 离心管中加入：

Oligo（dT）	1.0μl
Total RNA	3.0μl
DEPC - H$_2$O	8.0μl

混匀，65℃保温 5min

　　　　30℃保温 5min

　　　　冰浴 5min

在混合物中，按次序加入：

10mM dNTPs	$2.5\mu l$
M – MLV 5 × buffer	$4.0\mu l$
RNase Inhibitor	$1.0\mu l$
M – MLV RT	$1.0\mu l$

混匀，42℃保温 1h，–20℃保存备用。

②*LOX* 基因 cDNA 片段的扩增

在 $25\mu l$ 的 PCR 反应体系中加入：

反应体系	用量（μl）
10 × PCR buffer	2.5
dNTP mix（2.0mM）	2.5
$MgCl_2$（15mM）	2.5
Cslox4f（$20\mu M$）	2.0
Cslox4r（$20\mu M$）	2.0
cDNA Template	1.0
Taq DNA 聚合酶（5U/μl）	0.3
ddH_2O	12

PCR 反应条件：

94℃ 预变性 5min

94℃ 变性 45s

52℃ 退火 45s ⎫
⎬ 34 个循环
72℃ 延伸 1min30s ⎭

72℃延伸 10min

4℃终止反应

6）PCR 扩增目的片段的回收

参照上海华舜公司凝胶回收试剂盒：

①将 PCR 产物在 1.5% 琼脂糖凝胶上电泳，EB 染色，紫外灯下从凝胶上切下所需 DNA 片段（体积不要超过 $100\mu l$），

转入 1.5ml 的离心管中；

②按 100mg 凝胶加 300μl 溶胶液，50℃水浴 10min；

③加等体积异丙醇，50℃温育 1min；

④小心移入吸附柱，离心 30s（12 000rpm，以下同），弃液体；

⑤吸附柱内加入 500μl 洗涤液，离心 5s，弃液体；

⑥吸附柱内加入 500μl 洗涤液，静置 1min，离心 15s，弃液体；

⑦离心 1min；

⑧吸附柱置干净的 1.5ml 离心管中，在吸附膜中央加入 50μl 洗脱液，静置 1min，离心 1min，−20℃保存。

7）目的片段与载体的连接

利用 PCR 产物在 3' 末端自动加 A 及 pGEM ® T-Easy 载体上多克隆位点处突出 T 的特点，在 10μl 连接体系中加入以下成分：

连接体系	用量（μl）
2 × Rapid Ligation Buffer	5
pGEM-T Easy vector	1
PCR product	3
T4 DNA Ligase	1

4℃连接过夜。

8）连接产物转化大肠杆菌

①取 100μl 感受态细胞，加 5μl 连接产物，轻轻混匀，冰上放置 30min；

②于 42℃水浴中热激 90s，迅速置于冰上冷却 2min；

③加 600μl LB 液体培养基，37℃水浴或 150rpm 振荡培养

45~60min；

④取 100μl 菌液，加入 8μl 200mg/ml 的 IPTG 和 40μl 20mg/ml 的 X-Gal，混匀后均匀涂布于含有抗生素（100mg/L Amp）的 LB 平板上，37℃倒置培养过夜。

9）大肠杆菌感受态细胞的制备

CaCl₂ 法小量制备感受态细胞：

①取 DH5α 大肠杆菌原种，于 LB 琼脂板上划线培养（过夜）；

②挑取新鲜单菌落，接种于 30ml LB 培养基中，37℃振荡培养过夜；

③取对数生长期的菌液，按 1/100 的稀释比例接种于 50ml LB 液体培养基中，继续培养至 OD_{600} 为 0.4~0.5（摇菌 85min）；

④菌液冰浴 15min，分装于 1.5ml 无菌离心管中，4℃ 4 000 r/min 离心 6min，收集细菌沉淀；

⑤加入 600μl 冰预冷的无菌的 0.1M CaCl₂，悬浮细菌沉淀，冰浴 30min；

⑥4℃ 4 000 r/min 离心 10min，收集细菌沉淀；

⑦每管加入 100μl 冰预冷的 0.1M CaCl₂，重悬细菌沉淀，即为感受态细胞；

⑧制备好的感受态细胞，若现用，可 4℃保存，12~24h 内使用转化效率最高，若长期使用，可加甘油至终浓度为 5%~20%，混匀，分装后 -70℃保存。

10）细菌中质粒 DNA 的制备：

碱裂解法小量制备质粒 DNA：

①挑取培养基上的白色单菌落，接种于 5ml 含 Amp 抗生

素的 LB 液体培养基中，37℃振荡培养过夜；

②取 1.5ml 菌液于 1.5ml 离心管中，12 000r/min 离心 30s，富集菌液，重复一次，剩余菌液贮存于4℃；

③加入 1.0ml STE 溶液，重悬菌体，12 000r/min 离心 30s，弃上清；

④菌体重悬于100μl 用冰预冷的溶液Ⅰ中，振荡混匀；

⑤加入新鲜配置的200μl 溶液Ⅱ，快速颠倒离心管 5 次，以混合内容物，于冰上放置5min；

⑥加入150μl 用冰预冷的溶液Ⅲ，盖紧管口，将管倒置后温和振荡10s，置冰上 5min；

⑦12 000r/min 离心 5min，将上清转移到另一离心管中；

⑧加等体积的酚/氯仿，振荡混匀，12 000r/min 离心 5min，将上清转移到另一离心管中；

⑨加入两倍体积的无水乙醇，振荡混匀，-20℃放置 20min，12 000r/min 离心 5min；

⑩弃上清，沉淀用 1ml 70% 的乙醇洗涤两次，空气中使 DNA 沉淀干燥10min；

⑪用50μl 含无 DNAase 的 RNAase（20μg/ml）的 TE 重新溶解 DNA；

⑫电泳检测。

制备质粒的试剂配制：

溶液Ⅰ　50mmol/L 葡萄糖；25mmol/L Tris-Cl（pH8.0）；10mmol/L EDTA（pH8.0）高压（6.896×10^4Pa）灭菌 15min，贮存于4℃

溶液Ⅱ　0.2mol/L NaOH（临用前用 10mol/L 贮存液现用现稀释）；1% SDS

溶液Ⅲ　5mol/L乙酸钾60ml；冰乙酸11.5ml；水28.5ml

重组质粒的筛选与鉴定：

①蓝白斑筛选：pGEM® T－Easy载体多克隆位点处含有 lacZ基因，可用X－Gal/IPTG选择培养基初步筛选，没有插入外源DNA片段的自身环化的质粒，菌落为蓝色，插入外源片段的重组质粒的转化子为白色菌落。

②酶切鉴定：用 *Eco*R I 单酶切来对重组质粒进行酶切鉴定，观察电泳中DNA条带位置以确定是否有外源片段的插入以及插入片段的大小是否正确，从而初步判断是否为重组克隆。酶切反应体系如下所示：

反应体系	用量（μl）
质粒DNA	5.0
10×Buffer	1.0
*Eco*R I	1.0
ddH$_2$O	3.0
总计	10.0

37℃放置4h。

③PCR检测：在25μl的PCR反应体系中，加入相应的成分，模板为1μl的质粒DNA或菌液，进行正常程序的PCR反应，同时设负对照，电泳检测是否扩增出特异条带，以确定重组子。

11）重组克隆的测序和分析

序列测定采用Sanger双脱氧链终止法，由上海生物工程公司完成。测序结果使用DNAMAN4.0软件分析，GenBank上同源性比对使用Blastn和Blastx。

12）3'RACE引物设计

以黄瓜果实克隆到的 *LOX* 基因序列为靶序列，分别在3'

端 893bp、485bp 处设计 2 条正向基因特异引物，分别为 3R1 和 3R2。其中 3R1 用于第一轮 PCR 扩增，3R2 用于巢式 PCR 扩增。引物序列如下：

3R1-1 5' CAGACCAAGCACATCCAG 3'

3R1-2 5' GGCATCTTGAAGCCATTAGC3'

以上引物均由上海生物工程公司合成。

3' RACE 试剂盒带的 Oligo dT-3sites Adaptor Primer 和 3 sites Adaptor Primer 两个引物，分别用于 cDNA 第一链的合成和 PCR 扩增。

13）第一链 cDNA 的合成

①按下列组成配制反转录反应液：

反应体系	用量（μl）
10 × RNA PCR buffer	1.0
MgCl$_2$（25mM）	2.0
dNTP Mixture（各 10mM）	1.0
AMV Reverse Transcriptase XL（5U/μl）	0.5
RNase Inhibitor（40U/μl）	0.25
Oligo dT-3sites Adaptor Primer（2.5μM）	0.5
总 RNA	4.75
总计	10.0

②按以下条件进行反转录反应。

30℃	10min
42℃	30min
95℃	5min
5℃	5min

轻微离心 -20℃保存

14）PCR 反应

①以合成的 cDNA 为模板进行第一轮 PCR 反应，反应体系如下所示：

反应体系	用量（μl）
10×PCR buffer	2.5
dNTP mix（2.0mM）	2.5
$MgCl_2$（15mM）	2.5
3R1（2μM）	0.5
3 sites Adaptor Primer（20μM）	0.5
cDNA Template	1.0
Taq DNA 聚合酶（5U/μl）	0.3
ddH_2O	15.2
总计	25.0

　　PCR 反应条件：

94℃　　　预变性 5min

94℃　　　变性 45s

57.2℃　　退火 45s ⎫
　　　　　　　　　　⎬ 34 个循环
72℃　　　延伸 1min 30s ⎭

72℃　　　延伸 10min

4℃　　　终止反应。

②巢式 PCR

取 5μl 第一次 PCR 反应产物加入到 495μl TE buffer［10mM Tris - HCl（pH8.0），1mM EDTA］中，得稀释产物，反应体系如下所示：

反应体系	用量（μl）
10×PCR buffer	2.5
dNTP mix（2.0mM）	2.5
$MgCl_2$（15mM）	2.5

续表

反应体系	用量（μl）
3R1（20μM）	0.5
3 sites Adaptor Primer（20μM）	0.5
Dilution of primary PCR product	1.0
Taq DNA 聚合酶（5U/μl）	0.3
ddH$_2$O	15.2
总计	25.0

PCR 反应条件：

94℃　　　预变性 5min

94℃　　　变性 45s

57.2℃　　退火 45s

72℃　　　延伸 1min 30s

$\left.\begin{array}{c} \\ \\ \end{array}\right\}$ 34 个循环

72℃　　　延伸 10min

4℃　　　　终止反应。

15）3'RACE 扩增产物的克隆、测序

试验方法同 6）~11）。

二、结果与分析

1. 黄瓜成熟果实总 RNA 的提取

提取完整的 RNA 应有三条带，分别是 28S、18S、5S，其中 28S 与 18S 呈现 2∶1 的比例。图 7 - 1 是总 RNA 在

图 7 - 1　成熟黄瓜果实总 RNA

Fig. 7 - 1　Isolution the total RNA from cucumber fruit

1.2% 变性脂糖凝胶电泳检测结果，表明提取的 RNA 样品纯度高、完整性好，无降解，可以满足 RT - PCR 的要求。

2. *LOX* 基因 cDNA 片段的分离

本研究设计了 7 条简并引物，共有 12 种引物组合，以授粉后 23d 黄瓜果实总 RNA 逆转录的单链 cDNA 为模板，对上述 12 对引物组合分别进行 PCR 扩增，其中简并引物 cslox4f 和 cslox4r 扩增出了 1 条长约 1 000bp 的条带，琼脂糖凝胶电泳检测结果如图（图 7 - 2）。

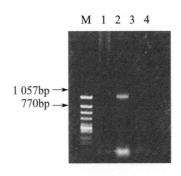

图 7 - 2　RT-PCR 产物

Fig. 7 - 2　Production of RT-PCR

M：X174-*Hinc* Ⅱ marker；1：CK；2：PCR 特异片段；3：Cslox4f 单引物对照；4：Cslox4r 单引物对照

M：X174-*Hinc* Ⅱ marker；1：CK：H_2O as template；2：the RT-PCR product；3：the RT-PCR product, only Cslox4f as primer；4：the RT-PCR product, only Cslox4r as primer

3. *LOX* 基因 cDNA 片段的克隆及鉴定

将目的片段回收，克隆到 pGEM ® T-Easy 载体上，蓝白斑筛选。以阳性重组质粒 DNA 为模板，以相同的引物在同样的条件下进行 PCR 扩增，可以看出重组质粒 PCR 产物与目的片段大小相符（图 7 - 3，A）。而且，酶切结果（图 7 - 3，B）也表明，插入在这种重组质粒的克隆片段的长度，与相应的目的片段大小相符。因而，命名为 *CSLOX*。

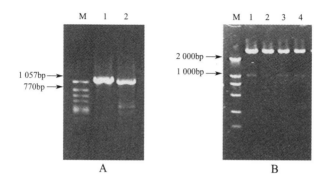

图 7 - 3　阳性重组质粒 *Eco*R I 酶切及 PCR 扩增鉴定结果

Fig. 7 - 3　Recombinant plasmids digested with *Eco*R

I and the PCR products

A（M：X174-*Hinc*Ⅱ marker ；1，2：RT-PCR 产物重组质粒的 PCR 结果）；B（M：2 000bp；1 ~ 4：阳性重组质粒 *Eco*R I 酶切结果）

A（M：X174-*Hinc*Ⅱ marker ；1，2：PCR product of recombinant plasmids）；B（M：Marker DL2000；1，4：recombinant plasmids digested with *Eco*R I）

4. 黄瓜果实 *LOX* 基因 cDNA 片段的测序

为了进一步验证克隆的正确性，将含有目的基因片段的菌液邮寄到上海生工生物工程服务有限公司测序，结果该片段长度为 969bp（图 7 - 4）。从 251bp 开始推倒编码一个含有 239 个氨基酸的开放阅读读码框，命名为 *CSLOX*。经 Blastn 比对分析，该片段与黄瓜 *LOX*-9 基因（AJ272261）核苷酸同源性高达 92%；与从草莓果实克隆的 *LOX* 基因同源性为 81%。推导的氨基酸序列经 Blastp 比对分析，与黄瓜 *LOX*-9 基因（CAB83038.1）氨基酸同源性 92%。该 cDNA 片段在 Blastp 上经保守区域比对，LOX 蛋白的保守区域一致（图 7 - 5）。

```
1    GGCGCSATCGGGCAGCGCATTGTATACGACTCACTATAGGCGGAATTGGGCCCGACGTCG
1     A  X  S  G  S  A  L  Y  T  T  H  Y  R  A  N  W  A  R  R  R

61   CATGCTCCCGCCGCCATGGCCGGCGGGGAATTCGATTAGGAATTCGCGCGCGAGATGC
21    M  L  P  A  A  M  A  A  A  G  I  R  L  G  I  R  A  R  D  A

121  TTGCTGGAGTGAACCCTGTCATTATTCGTCGTCTCCTAGTATGACACACTTCAAATCTGT
41    C  W  S  E  P  C  H  Y  S  S  S  P  S  M  T  H  F  K  S  V

181  AACTTCATTCACTAGATTTCCAAGGCTTTTTTTTTGCATCCATAATTCACTTCAAAATGT
61    T  S  F  T  R  F  P  R  L  F  F  C  I  H  N  S  L  Q  N  V

241  TCCTTTGTAGGAGTTCCCTCCAGTCAGCAAGTTGGATCCTAAAACATATGGAAAGCAAAA
81    P  L  *  E  F  P  P  V  S  K  L  D  P  K  T  Y  G  K  Q  N

301  TAGTTCCATAACAGAAGAACACATAGCAGAACATTGAATGGACTCACTATTGATCAGGC
101   S  S  I  T  E  E  H  I  A  E  H  L  N  G  L  T  I  D  Q  A

361  TTTGGAAATGAATAAGTTGTTCATTCTAGATCATCACGATGCACTCCATACATCAG
121   L  E  M  N  K  L  F  I  L  D  H  H  D  A  L  M  P  Y  I  S

421  TAGAATAAAACTCAACATCCACAAAGACATACGCTACCCGAACACTCCTCCTTCTGCAGGA
141   R  I  N  S  T  K  T  Y  A  T  R  T  L  L  L  Q  D

481  CAACGGCATCTTGAAGCCATTAGCAATGAACTAAGTTTACCCCACCCTCAAGGCGAACA
161   N  G  I  L  K  P  L  A  I  E  L  S  L  P  H  P  Q  G  E  H
```

```
541  TCATGGATCTCGTGTGAGCAAAGTTTTCACTCCAGCAGAACATGGAGTCGAGGGATCTCGTGTG
181   H  G  S  V  S  K  V  F  T  P  A  E  H  G  V  E  G  S  V  W

601  GCAGTTGGCCAAAGCTTATGTCGCCGTGAATGATTCTGGTTATCACCAGCTGATCAGCCA
201   Q  L  A  K  A  Y  V  A  V  N  D  S  G  Y  H  Q  L  I  S  H

661  TTGGTTGAACACTCATGCTCGTGTGATAGAGCCATTCATCATTGGAACAACAGACAATTAAG
221   W  L  N  T  H  A  V  I  E  P  F  I  I  G  T  N  R  Q  L  S

721  TGTTGTACACCCAATCTATAAGCTTCTTCATCCACACTTCAGGGACACAATGAACATTAA
241   V  V  H  P  I  Y  K  L  L  H  P  H  F  R  D  T  M  N  I  N

781  TGCTATGGCTAGACAAGTTCTCATTAATGCTGGTGGAATTCTTGAAACCACTGTCTTTCC
261   A  M  A  R  Q  V  L  I  N  A  G  G  I  L  E  T  T  V  F  P

841  AGGGAAATACGCCTTAGAAATGTCAGCTGTTATTTATAGAACTGGGTTTTCACAGACCAA
281   G  K  Y  A  L  E  M  S  A  V  Y  R  T  G  F  S  Q  T  K

901  GCACATCCAGCTGATCTTATCAAAGAGAGGAGTGCAATTCCTGATTCAAGTAGCCCCCATGG
301   H  I  Q  L  I  L  S  K  R  S  A  I  P  D  S  S  S  P  H  G

961  TCCTCAAGC
321   P  Q
```

图7-4　黄瓜果实CSLOX基因cDNA的核苷酸序列及推导的氨基酸序列

Fig.7-4　Nucleotide sequence and deduced amino acid sequence of CSLOX from cucumber fruit

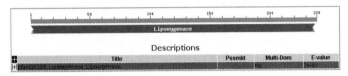

图 7 – 5　推导的氨基酸顺序的保守区域比对

Fig. 7 – 5　Alignment of the conservative region of deduced
amino acids

5. *CSLOX* 基因与葫芦科其他已克隆的 *LOX* 基因氨基酸序列比较

经 Blastp 比对分析，*CSLOX* 推导的氨基酸序列与黄瓜 *LOX*-9 基 因（CAB83038.1）氨基酸同源性 92%，与黄瓜 AAC61785、CAA63483 和 AAA79186 氨基酸同源性均为 64%，与蜜瓜氨基酸（ABB82552）同源性为 61%。用 DNAMAN 软件分析以上 6 个基因的氨基酸同源性为 71.68%，同源性序列如图 7 – 6。图 7 – 7 为 *CSLOX* 推导的氨基酸序列与从黄瓜子叶、根和从蜜瓜果皮中克隆的 LOX 基因氨基酸序列进行比较得到的系统发育进化结果。*CSLOX* 与 CAB83038 亲缘关系最近。CAB83038 是从黄瓜子叶中克隆的，主要在子叶节、子叶和成熟果实中表达，可能为氢过氧化物裂解酶作用提供 9 – 过氧化氢物脂肪酸作为底物。

6. *CSLOX* 基因 3'RACE 扩增

经 BLAST 比对，发现从黄瓜果实上克隆的 *LOX* 基因 cD-NA 片段的氨基酸同源性与其他作物氨基酸同源性较高。因而，为研究该基因在黄瓜果实发育不同时期的表达情况，需进

```
AJ271161.txt  RSDGR.QFLKFPVPDVIKENKTAWRTDEEFGREMLAGVNPVIIRRLLEFPPVSKLDPKTY   413
CSLOX4.txt    ----------------------------------------------------------     14
CSU25058.txt  -n--e.k-----t-e-v-d--ig-s------a--------p-ll----ea---t---nv-   415
x92890.txt    -n--e.k-----t-e-v-d--ig-s------a--------p-ll----ea---t---nv-   415
DQ267934.txt  -t-ndqr-----sp-q-v--d-f--q------a--------l--------q--k----nm   414
CSU36339.txt  -t-ndqr-----sp-q-v--d-f--q------a--------l--------k--k-----m   414

AJ271161.txt  GKQNSSITEEHIAEHLNGLTIDQALEMNKLFILDHHDALMPYISRINSTSTKTYATRTLL   473
CSLOX4.txt    ----------------------------------------------------------     74
CSU25058.txt  -n---t------khg-d------v-e-mkq-r-y-v-f--------lt-m-a--          475
x92890.txt    -n---t------khg-d------v-e-mkq-r-y-v-f--------lt-m-a--          475
DQ267934.txt  -drr-k--d-ksg-e------e-nqkr-y---------lrk----k---a-             474
CSU36339.txt  -d-h-k---d-ksg-e----vae-nqkr-y---------lrk----k---                474

AJ271161.txt  LLQDNGILKPLAIELSLPHPQGEHHGSVSKVFTPAEHGVEGSVWQLAKAYVAVNDSGYHQ   533
CSLOX4.txt    ----------------------------------------------------------    134
CSU25058.txt  --k-d-t-----v--------dql-ai--lyf--n--qk-i-------t--v-           535
x92890.txt    --k-d-t-----v--a-----dql-ai--lyf--n--qk-i-------t--v-           535
DQ267934.txt  f-knd-t-----v--------dqf-an--qyf--d--qk-i-------v--t-           534
CSU36339.txt  --knd-t-----v--------dqf-an--qyf--e--qk-i-------v--a-           534

AJ271161.txt  LISHWLNTHAVIEPFIIGTNRQLSVVHPIYKLLHPHFRDTMNINAMARQVLINAGGILET   593
CSLOX4.txt    ----------------------------------------------------------    194
```

```
CSU25058.txt  --------h----l---v-a-h---------l---h--v-yk---f---s------n-li--  595
x92890.txt    --------h----l---v-a-h---------l---h--v-yk---f---s------n-li--  595
DQ267934.txt  --------h----q---v-a-h---------l---h--v-yk---f---f--v-sd-l--q  594
CSU36339.txt  --------q----q---v-a-h---------h---h--v-yk---f---f--v-gd-l--q  594
AJ271161.txt  TVFPGKYALEMSAVIYKNWVFTDQAHPADLIKRGVAIPDSSSPHGLKLLIEDYPYAVDGL  653
CSLOX4.txt    ---------------r.tg-sqtk-iqlilskrs----------------pq           240
CSU25058.txt  -hy-s--sm-l-sil----d-t-p---l-nn-m--l-ve----a---r--n----f----  655
x92890.txt    -hy-s--sm-l-sil----d-t-p---l-nn-m--l-ve----a---r--n----f----  655
DQ267934.txt  -h-qs--cm-l-sh----e-n-ce----l----------ve-ar-t---------f----  654
CSU36339.txt  -h-qs--m-l-sy----e-n--e---l-v----------ve-p--n-v----f----    654
```

图7-6　葫芦科*LOX*基因氨基酸同源性比较

Fig.7-6 Alignment of amino acids of cucurbitaceous LOX

氨基酸序列一致用 "一" 表示

AAC61785：黄瓜（发育的子叶），CAA63483：黄瓜（发育的子叶），AAA79186：黄瓜（根），DQ267934：甜瓜（果实），CAB83038：黄瓜（子叶），CSLOX：黄瓜（果实）

一：amino acid is same

AAC61785: from *Cucumis sativus* L.(developing cotyledon); CAA63483: from *Cucumis sativus* L.(developing cotyle-don); AAA79186:from *Cucumis sativus* L.(root);DQ267934:from Cucumis melo var. Inodorus (fruit); CAB83083: from *Cucumis sativus* L.(cotyledon); CSLOX:from *Cucumis sativus* L.(fruit)

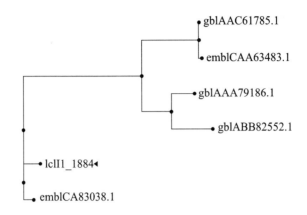

图 7－7　黄瓜果实的 LOX 与葫芦科其他 LOX 的进化树

Fig. 7 －7　Phylogenetic tree of the deduced amino acids sequence
of LOX in cucurbitaceous plant

AAC61785：黄瓜（发育的子叶）；CAA63483：黄瓜（发育的子叶）；AAA79186：黄瓜（根）；DQ267934：蜜瓜（果实）；CAB83038：黄瓜（子叶）；*CSLOX*：黄瓜（果实）

AAC61785：from *Cucumis sativus* L.（developing cotyledon）；CAA63483：from *Cucumis sativus* L.（developing cotyledon）；AAA79186：from *Cucumis sativus* L.（root）；DQ267934：from Cucumis melo var. Inodorus（fruit）；CAB83083：from *Cucumis sativus* L.（cotyledon）；*CSLOX*：from *Cucumis sativus* L.（fruit）

行 3'RACE 扩增，得到 3'非翻译区序列，根据此段序列设计引物进行该基因表达分析。根据 RT-PCR 产物测序结果设计的两条正向嵌套引物 3R1 和 3R2 分别用于 3'端第 1 轮和第 2 轮 PCR 扩增。3'RACE 首轮扩增出 1 条长约 1 500bp 的特异带（图 7－8），用内侧引物对首轮扩增产物进行巢式 PCR 扩增，得到 1 条约 1 000bp 的特异条带（图 7－8），与期望值相符。

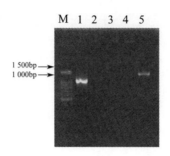

图 7 – 8 *CSLOX* 3'RACE PCR 扩增

Fig. 7 – 8 Electrophoresis results of *CSLOX* 3' RACE products

M：100bp Ladder；1：3'RACE 第二轮扩增结果；2：CK；3：3R1 单引物对照；4：3R2 单引物对照；5：3'RACE 第一轮扩增结果

M：100bp Ladder；1：the product of the second PCR in 3'RACE；2：CK：H_2O as template；3：the PCR product, only 3R1 as primer；4：the PCR product, only 3R2 as primer；5：the product of the first PCR in 3'RACE

7. 3'RACE 扩增产物克隆及鉴定

将目的片段回收，克隆到 pGEM® T-Easy 载体上，蓝白斑筛选。分别用 PCR 法和质粒酶切法对阳性重组质粒进行验证（见图 7 – 9），以阳性重组质粒 DNA 为模板进行 PCR 扩增的产物和用限制性内切酶 *EcoR* Ⅰ 单酶切产物大小均与3'RACE 扩增产物大小相符，证明目的片段已插入克隆载体中。

8. 3'RACE 扩增产物测序

将含有目的基因片段的菌液邮寄到上海生工生物工程服务有限公司测序，结果该片段长度为 1 277bp 长，其中1 132 ~ 1 277bp 为载体序列，因而达到的片段长为 1 131bp。含有 3' 非翻译区和 poly （dA）尾巴，序列见图 7 – 10。

9. 3'RACE 与靶序列 CSLOX 拼接结果

采用 DNAMAN4. 0 软件程序对 5'RACE 测序结果与靶序列 *CSLOX* 进行了拼接，得到得到一个长为 1 676bp 的核苷酸序列（图 7 – 11）。该 cDNA 序列包含一完整开放阅读框，编码 481 个氨基酸。该基因在 3'poly（A）$^+$ 区之前 38bp 处有一 AATAAA 加尾信号，而且含有 230bp 的 3' 非编码区。经 BLAST 比对，与从草莓果实中克隆得到的 *LOX* 基因的氨基酸同源性高达 73%，与马铃薯的同源性为 72%，与番茄和烟草的均为 71%，与大豆的同源性为 62%。

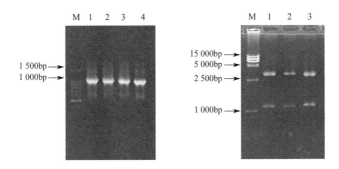

图 7 – 9　阳性重组质粒 PCR 扩增及 EcoR Ⅰ酶切鉴定结果

Fig. 7 – 9　Recombinant plasmids digested with EcoR Ⅰ

and PCR products

A（M：100bp Ladder；1～4：RT – PCR 产物重组质粒的 PCR 结果）；B（M：DL15 000bp；1～3：阳性重组质粒 EcoR Ⅰ酶切结果）

A：（M：100bp Ladder；1～4：PCR product of recombinant plasmids）；

B：（M：Marker DL15 000bp；1～3：recombinant plasmids digested with EcoR Ⅰ）

```
  1  TCACGGAGACCCAGTGAATTGTATACGACTCACTATAGGGCGAATTGGGCCCGACGTCGC
  1   H  G  D  P  V  N  C  I  R  L  T  I  G  R  I  G  P  D  V  A
 61  ATGCTCCCGGCCGCCATGGCCGGCGGGAATTCGATTCAGACCACATCCAGCTGA
 21   C  S  R  P  P  W  R  P  R  E  F  D  S  D  Q  A  H  P  A  D
121  TCTTATCAAAAGAGGAGTGGCAATTCCTGATTCAAGTAGCCCCATGGCCTCAAGCTTCT
 41   L  I  K  R  G  V  A  I  P  D  S  S  S  P  H  G  L  K  L  L
181  AATAGAGGATTACCCTTACGCAGTCGATGGACTCGAGATCTGGTCTGCAATTGAGAAATG
 61   I  E  D  Y  P  Y  A  V  D  G  L  E  I  W  S  A  I  E  K  W
241  GGTTAGAGATTATTCTTATTCTTATTACAAATCAGATGAAATGGTTCAAAAAGACACCGA
 81   V  R  D  Y  S  Y  F  Y  K  S  D  E  M  V  Q  K  D  T  E
301  AATTCAATCATGGTGACAGAGATTCGCCACTGTCGCCGATTGAAGACGAACC
101   I  Q  S  W  T  E  I  R  T  V  G  H  G  D  L  K  D  E  P
361  ATGGTGGCCTAAGATGAACAAGAGAAGACTTAGTCCAATCATGTACCATAATCATCTG
121   W  W  P  K  M  N  T  R  E  D  L  V  Q  S  C  T  I  I  I  W
421  GATCGCCATCAGCCCTCCACGCCGCCGTGAACTTCGGGCAATACCCATATGCCGGGTACCT
141   I  A  S  A  L  H  A  A  V  N  F  G  Q  Y  P  Y  A  G  Y  L
481  CCCAAACCGGCCAACGGTGAGTCGGCGGTTCATGCCGGAACCAGGGACACCGGAGTTTAG
161   P  N  R  P  T  V  S  R  R  F  M  P  E  P  G  T  P  E  F  R
541  AGAGCTGGAGACAGACCCGAGTTAGCGTACTTGAAGACGATTACAGCGCAACTACAAAC
```

181	E L E T D P E L A Y L K T I T A Q L Q T
601	GATATTAGGGGTGTCGTTGATAGAGAGTTTGTCTCGACATTCGGTAGATGAGATTTATCT
201	I L G V S L I E S L S R H S V D E I Y L
661	TGGACAAAGAGATACGCCGGAGTGGACCAAGGATCGAAGAAGACATTGGCGGCGTTTGAGAG
221	G Q R D T P E W T K D E E A L A A F E R
721	ATTTGGGGATCGGTTGAGGGAGATCGAAGAGAGATAATGAGGATGAACAATGAAGAGAA
241	F G D R L R E I E E K I M R M N N E E K
781	ATGGAGGAATCGAGTAGGGCCTGTGAAAATGCCTCCACACATTTCTGTTTCCCAATACCTC
261	W N R V G P V K M P H T F L F P N T S
841	CAATTACTACGAAGAAGAAGGTCTCAATGGGGAGGAATCCCAATAGCATTTCCATTTG
281	N Y Y E E G L N A G G I P N S I S I *
901	ACATTTTCTTCTTCTTTATTTGAGATTGTGTGAGGCTACAAAATGTATTTGAATAAT
301	H F L L F I L R L C E A T N C I * I M
961	GAAAGAATATTTCATTTTCGTCCTAAGTTTAGAATCCTTAATACCTAGTTAGGTCTAGCT
1021	CGTCTTTAGTTCATTCTCGTTCTCGTTGTTGTGAGGTGATGATTCTTGAAGTAATAAT
1081	GTCAATATGCTTTCGACTCAAAAGTATTTTATCATGCAAAAAAAAAAA

终止密码子用小黑点（*）表示

图7-10　3'RACE扩增产物的核苷酸和氨基酸序列

Fig.7-10　Nucleotide and amino acid sequences of 3'RACE product

```
1    GAGTTCCCTCCAGTCAGCAAGTTGGATCCTAAAACATATGGAAAGCAAAATAGTTCCATA
1     E  F  P  P  V  S  K  L  D  P  K  T  Y  G  K  Q  N  S  S  I

61   ACAGAGAACACATAGCAGACAATTTGAATGGACTCCACTATTGATCAGGCTTTGGAAATG
21    T  E  E  H  I  A  E  H  L  N  G  L  T  I  D  Q  A  L  E  M

121  AATAAGTTGTTCATTCTAGATCATCACGATGCACTGATGCCATACATCAGTAGAATAAAC
41    N  K  L  F  I  L  D  H  H  D  A  L  M  P  Y  I  S  R  I  N

181  TCAACATCCACAAAGACATACGCTACCGAACACTCCTCCTTCTGCAGGACAACGGCATC
61    S  T  S  T  K  T  Y  A  T  R  T  L  L  L  Q  D  N  G  I

241  TTGAAGCCATTAGCAATCGAACTAAGTTTACCCCACCCTCAAGGCGAACATCATGGATCT
81    L  K  P  L  A  I  E  L  S  L  P  H  P  Q  G  E  H  H  G  S

301  GTGAGCAAAGTTTCACTCCAGCAGAACATGGAGTCGAGGGATCTGTGTGGCAGTTGGCC
101   V  S  K  V  F  T  P  A  E  H  G  V  E  G  S  V  W  Q  L  A

361  AAAGCTTATGTGCCGTGAATGATTCTGGTTATCACCAGCCATTGGTTGAAC
121   K  A  Y  V  A  V  N  D  S  G  Y  H  Q  L  I  S  H  W  L  N

421  ACTCATGCTGTGATAGAGCCATTCATCATTGGAACAAACAGACAATTAAGTGTTGTACAC
141   T  H  A  V  I  E  P  F  I  I  G  T  N  R  Q  L  S  V  V  H

481  CCAATCTATAAGCTTCTTCATCCACACTTCAGGGACACAATGAACATTAATGCTATGGCT
161   P  I  Y  K  L  L  H  P  H  F  R  D  T  M  N  I  N  A  M  A

541  AGACAAGTTCTCATTAATGCTGGTGGAATTCTTGAAACCACTGTCTTTTCCAGGGAAATAC
181   R  Q  V  L  I  N  A  G  G  I  L  E  T  T  V  F  P  G  K  Y
```

```
601   GCCTTAGAAATGTCAGCTGTTATTTATAGAACTGGGTTTTCATCAGACCAAGCACATCCA
201    A   L   E   M   S   A   V   I   Y   R   T   G   F   S   S   D   Q   A   H   P

661   GCTGATCTTATCAAAAGAGGAGTGGCAATTCCTGATTCAAGTAGCCCCATGGCCTCAAG
221    A   D   L   I   K   R   G   V   A   I   P   D   S   S   S   P   H   G   L   K

721   CTTCTAATAGAGGATTACCCTTACGCAGTCGATGGACTCGAGATCTGGTCTGCAATTGAG
241    L   L   I   E   D   Y   P   Y   A   V   D   G   L   E   I   W   S   A   I   E

781   AAATGGGTTAGAGATTATTCTTATTCTATTACAAATCAGATGAAATGGTTCAAAAAGAC
261    K   W   V   R   D   Y   S   Y   F   Y   K   S   D   E   M   V   Q   K   D

841   ACCGAAATTCAATCATGGTGGTGGACAGAGATTCGCACTGTCGGCGGCGATTGAAAGAC
281    T   E   I   Q   S   W   T   E   I   R   T   V   G   H   G   D   L   K   D

901   GAACCATGGTGGCCTAAGATGAACACAAGAGAGACTTAGTCCAATCATGTACCATAATC
301    E   P   W   P   K   M   N   T   R   E   D   L   V   Q   S   C   T   I   I

961   ATCTGGATCGCATCAGCCCTCCAGCCCGTGTGAACTTCGGGCAATACCCATATGCCGGG
321    I   W   I   A   S   A   L   H   A   A   V   N   F   G   Q   Y   P   Y   A   G

1021  TACCTCCCAAACGGCCAACGGTGAGTCGGCGGTTCATGCCGGAACCAGGGACACCGGAG
341    Y   L   P   N   R   P   T   V   S   R   R   F   M   P   E   P   G   T   P   E

1081  TTTAGAGAGCTGGAGACAGACCCCGAGTTAGCGTACTTGAAGACGATTACAGCGCAACTA
361    F   R   E   L   E   T   D   P   E   L   A   Y   L   K   T   I   T   A   Q   L

1141  CAAACGATATTAGGGGTGTCGTTGATAGAGAGTTTGTCTCGACATTCGGTAGATGAGATT
381    Q   T   I   L   G   V   S   L   I   E   S   L   S   R   H   S   V   D   E   I
```

```
1201 TATCTTGACAAAGAGATACGCCGGAGTGGACCAAGGATGAAGAAGCATTGCGGCGTT
401    Y  L  G  Q  R  D  T  P  E  W  T  K  D  E  E  A  L  A  A  F
1261 GAGAGATTTGGGGATCCGGTTGAGGGAGATCGAAGAGAAGATAATGAGGATGAACAATGAA
421    E  R  F  G  D  R  L  R  E  I  E  E  K  I  M  R  M  N  N  E
1321 GAGAAATGGAGGAATCGAGTAGGGCCTGTGAAAATGCCTCACACATTTCTGTTTCCCAAT
441    E  K  W  R  N  R  V  G  P  V  K  M  P  H  T  F  L  F  P  N
1381 ACCTCCAATTACTACGAAGAAGAAGGTCTCAATGCGGGAGGAATCCCCAATAGCATTTCC
461    T  S  N  Y  Y  E  E  G  L  N  A  G  G  I  P  N  S  I  S
1441 ATTTGACATTTTCTTCTTCTTTTATTTTGAGATTGTGTGAGGCTACAAATTGTATTTGA
481    I  *
1501 ATAATGAAAGAATATTTCATTTTCGTCCTAAGTTTAGAATCCTTAATACCTAGTTAGGTC
1561 TAGCTCGTCTTTAGTTCATTCTCTGTTCTCTGTTGTTGTGAGGTGATGATTCTTGAAGTA
1621 ATAATGTCAATATGCTTTCGACTCAAAAGTATTTTATCATGCAAAAAAAAAAGGAT
1681 CCGGTACCTATAGATCAGAATCACTACTAGTGAATTCGCGGCCGCCGCTGCAGGTCGACCATATG
1741 GGAGAGCTCCCAACGCGTTGGATGCATAGCTTGAGTATTATATAGTGTCACCTAAATATT
1801 TTGGCCAAATAACTGGGTCCTC
```

终止密码子用小黑点（*）表示

图7-11 CSLOX 基因的核苷酸和推导的氨基酸序列

Fig.7-11 Nucleotide and amino acid sequences of *CSLOX*

三、讨论

许多研究表明，LOX 的代谢产物含有活性氧和氧自由基，对细胞膜具有破坏作用，因而与植物的衰老有关。在果实成熟衰老进程和环境胁迫中，猕猴桃、桃、苹果、番茄等呼吸越变型果实的 LOX 活性呈现有规律的变化。陈昆松等报道 20℃下贮藏的猕猴桃果实 LOX 活性随着后熟进程持续上升，0℃可强烈抑制 LOX 活性，有效减缓果实软化。番茄成熟衰老时，LOX 活性增加，并伴随着膜功能的丧失。非呼吸跃变型的梨枣 LOX 活性也随冷藏时间的延长显著上升。本试验研究了黄瓜果实成熟衰老过程中 LOX 活性的变化，发现该酶活性峰出现的最早，在授粉后 15～20d，随后有所下降，然后基本维持不变。虽然 LOX 活性和 MDA 含量都与膜脂过氧化密切相关，但相关性分析表明，它与 MDA 含量并不显著相关。可能由于 LOX 是膜脂过氧化的启动因子，而 MDA 是膜脂过氧化的最终产物，LOX 活性在黄瓜果实成熟衰老过程中变化较早，要早于黄瓜果皮细胞壁超微结构的变化（李艳秋，2006），而 MDA 含量是个持续积累过程。有报道表明 LOX 只在脂质过氧化启动时需要，一旦脂质过氧化反应启动后，LOX 便会自我活化。生吉萍等（2000）研究番茄果实采后软化过程发现 LOX 的活性高峰出现在发白期，早于乙烯高峰的出现，与果实的呼吸强度同步。并认为 LOX 启动了脂质过氧化作用，导致大量的自由基产生，由于果实体内自由基的清除系统不能清楚过剩的自由基，致使过多的自由基参与到乙烯生物合成中，使 ACC 向乙烯的转化以及 ABA 的合成增加，导致衰老的进一步加剧。陈安均等（2002）研究不同熟期桃果实的超微结构及相关代谢时发现，大久保桃果实在成熟衰老的进程中超微结构的显著变化在乙烯高峰期到来前就已经启动，认为 LOX 酶可能是导致桃果肉组织超微结构的变化，尤其是原生质体变化的重要因素。LOX 的代谢产物中含有活性氧和氧自由基，对细胞膜具有破坏作用，本试验的细胞膜透性也说明了这一点。

至今已分别从兵豆、拟南芥、黄瓜、豌豆、马铃薯、水稻、大豆、烟草、小麦、玉米、大麦和番茄等作物种克隆到了 *LOX* 基因，还在一些作物如拟南芥、马铃薯、大豆和番茄等，克隆到了多个不同核苷酸序列的 *LOX* 基因。这些进展将有助于进一步了解 LOX 的生理功能。从番茄中克隆到的 4 种不同 *LOX* 基因，两种为不同的番茄果实成熟专一基因。

本试验利用简并引物从成熟的黄瓜果实中克隆到长为 969 个核苷酸的 *CSLOX* 基因 cDNA 片段，编码 239 个氨基酸。与从黄瓜和蜜瓜中克隆到的 5 个 *LOX* 基因推导的氨基酸序列进行进化分析，与黄瓜子叶中克隆的 *LOX* – 9 基因的亲缘关系最近，在病原菌侵害和机械损伤时，表达量增加。而 AAC61785 和 CAA63483 是在成熟子叶发育过程中表达量增加，与 *CSLOX* 关系最远，与种子发育过程中脂质氧化关系密切。与从黄瓜根部和蜜瓜中克隆得到 *LOX* 基因关系处于两者之间。从亲缘关系上可以初步推测本试验克隆的 *CSLOX* 基因的功能与种子发育过程中的脂肪代谢关系不大。而且，拼接后的 cDNA 序列推导的氨基酸序列的比对，发现克隆到的基因与从草莓成熟果实中克隆到的 *LOX* 基因的氨基酸同源性高达 73%。因而，我们初步推测我们从黄瓜自然成熟的果实中克隆的 *CSLOX* 基因很可能与果实的成熟衰老、机械损伤或病害等有关，关于*CSLOX* 的具体功能将有待于进一步分析。

第二节 *CSLOX* 基因 Southern blotting 检测

一、材料与方法

1. 试验材料

供试材料为黄瓜品种 D0313。

2. 试验方法

1）引物设计

根据 Cslox4f 和 Cslox4r 扩增产物的测序结果，在其内部设计特异引物。引物设计采用 Primer Primer 5.0 软件完成。引物序列如下：

Cslse2f：5' ACCCTGTCATTATTCGTC3'

Cslse2r：5' TAGCGTATGTCTTTGTGG3'

以上所设计引物均由上海生物工程公司合成。

2）探针标记

A. 基因组 DNA 提取：CTAB 法提取植物组织总 DNA

溶液配制：

CTAB 缓冲液：100mmol/L Tris – HCl（pH8.0），0.7mol/L NaCl，50mmol/L EDTA（pH8.0），1% CTAB（W/V）。

3mol/L NaAc：称取 40.83g 三水乙酸钠，加入 60ml DEPC 水，搅拌均匀，溶解后用乙酸调 pH 值至 5.2，定容至 100ml，高压蒸汽灭菌。

①取叶片 150mg，液氮研磨，加入预热的 2 × CTAB 提取液 700μl，65℃水浴 1h。

②加 700μl 氯仿：异戊醇（24：1），轻混，静置 10min，12 000rpm 离心 10min。

③取上清600μl转入新管，加等体积氯仿：异戊醇（24：1）600μl，轻混，静置10min，12 000rpm离心10min。

④上清400μl转入新管，加2.5倍体积冷无水乙醇，加入上清体积1/10的3mol/L NaAc，-20℃静置20min，12 000rpm离心10min，弃上清。

⑤70%乙醇洗沉淀2次，吹干10～15min。

⑥加入100μlTE缓冲液充分溶解沉淀（若溶解不好，可置37℃水浴中保温，促进溶解）。

⑦加入1μl RNase酶液，于37℃保温1h。

⑧加入等体积氯仿/异戊醇，轻缓倒置混匀，室温放置10min，10 000rpm，离心15min。

⑨将上清液转移到新的离心管中，重复⑧操作。

⑩转移并量出上清液体积，置新离心管中，加入3mol/L NaAc，使其终浓度为0.3mol/L（也可以加终浓度为0.2mol/L NaCl或终浓度为2.5mol/L的乙醇铵），混匀，加入2倍体积的无水乙醇，轻缓混匀，室温放置数分钟。

⑪10 000rmp，离心5～10min。

⑫用80%乙醇洗涤沉淀2～3次，吹干。

⑬加入20μl TE或去离子水溶解DNA，备用。

B. 从基因组中扩增 *LOX* 基因

PCR反应体系如下所示：

反应体系	用量（μl）
10×PCR buffer	2.5
dNTP mix（2.0mM）	2.5
MgCl$_2$（15mM）	2.5
Cslse2f（20μM）	0.5

续表

反应体系	用量（μl）
Cslse2r（20μM）	0.5
DNA	1.0
Taq DNA 聚合酶（5U/μl）	0.5
ddH$_2$O	15.0
总计	25.0

反应程序：

94℃	5min	
94℃	45s	
48℃	45s	34 个循环
72℃	1.5min	
72℃	10min	
4℃	保存	

PCR 产物于 1% 琼脂糖凝胶电泳检测。

C. 从琼脂糖凝胶分离纯化 DNA 片段

方法同第七章第一节方法 6）扩增目的片段的回收。

D. 探针标记

①用琼脂糖凝胶回收试剂盒回收目的片断；

②电泳粗略检测目的片断的含量，20μl 体系中含有目的片断大约 60ng；

③将 20μl 目的片段沸水煮 10min，然后立即放置冰水混合物中；

④加 4μl Mix DIG – High Prime（加前将其混合均匀）；

⑤简单离心；

⑥37℃温浴 20h 加 2μl EDTA（pH8.0）终止反应。

E. 探针标记效率检测

本次标记探针应该是 1500ng/µl，然后按最优条件下产生的探针的量，取 0.5µl 标记的 DNA 探针加 24.5µl Dilution Buffer 稀释成 1ng/µl。然后再将 DIG-labeled Control DNA（5ng/µl）稀释成 1ng/µl。

表 7-1 稀释 DNA 探针和 DIG-labeled Control DNA

管号	DNA（µl）	从第几管#	DNA 稀释缓冲液（µl）	稀释比例	最终浓度
1		未稀释的原液			1ng/µl
2	1	1	99	1：100	10pg/µl
3	7.5	2	17.5	1：3.3	3pg/µl
4	2.5	2	22.5	1：10	1pg/µl
5	2.5	3	22.5	1：10	0.3pg/µl
6	2.5	4	22.5	1：10	0.1pg/µl
7	2.5	5	22.5	1：10	0.03pg/µl
8	2.5	6	22.5	1：10	0.01pg/µl
9	0		50		0

F. 探针效率检测步骤：

①取一条尼龙膜，量好尺寸，每个样为 1cm × 1cm 大小。将 2~9 号管各取 1µl 点在膜上；

②120℃烘烤 30min，固定 DNA；

③将膜放到一个塑料小盒中，小盒事先加有 20ml 马来酸缓冲液，室温下振荡 2min，然后倒掉；

④加入 10ml 1 × 封闭液，室温放置 30min，倒掉；

⑤加入 10ml 抗体溶液，室温放置 30min，倒掉；

⑥用 10ml 冲洗缓冲液冲洗膜，2 × 15min；

⑦加入 10ml 检测缓冲溶液，平衡 2~5min；

⑧加入 10ml 新鲜配置的颜色反应溶液，避光，反应过程中不要晃动；

⑨当斑点出现后，用双蒸水或 TE 缓冲液洗膜 5min 停止反应；

⑩如果 6 号探针的斑点可见，那么表明标记的效率为假定的最佳标记效率；如果 5 号探针的斑点可见，那么表明标记的探针效率为可用的探针效率。

G. 探针标记效率检测中的试剂配制：

①封闭液（blocking solution）

用马来酸缓冲液按 1∶10 比例稀释 10×封闭液成 1×工作液，封闭液必须新鲜配制。

②抗体溶液（Antibody solution）

每次使用前将 anti-digoxigenin-AP 在 10 000rpm 离心 5min，小心从液面上吸取所需的量，按 1∶5 000（150mU/ml）比例加入封闭液 2~8℃，保存 12h。

比较标记反应和对照标记的强度并计算 Dig 标记 DNA 的数量。如果 0.1pg 稀释液和对照都是可见的，那么标记的探针达到了预期的标记效率，可以采用杂交中推荐的浓度。

3）DNA 转膜固定

A. 基因组 DNA 提取

方法同本节方法 2）中基因组 DNA 提取。

B. 基因组 DNA 酶切

反应体系	用量	反应体系	用量	反应体系	用量
Nco I	5μl	*Sal* I	5μl	*EcoR* I	5μl
10×K buffer	8μl	10×H buffer	8μl	10×buffer *EcoR* I	8μl
0.1% BSA	8μl	DNA	8μg	DNA	8μl
DNA	8μg	H_2O	至 80μl	H_2O	至 80μl
H_2O	至 80μl				

37℃ 过夜完全酶切，酶切完后加入 8μl loading buffer，终止反应。

C. 转膜电泳

0.8% 的 1×TAE 琼脂糖凝胶。不要加入溴化乙啶，因为溴化乙啶嵌入基因组 DNA，会影响基因组 DNA 在电泳时的迁移率，同时对大小不同的基因组 DNA 影响不同。若探针可能为多拷贝，则胶要做长一些，利于基因组 DNA 分离。若探针可能为单拷贝或寡拷贝，则胶可以适当短一些。点样前要预电泳 30min。

D. 转膜

①试剂配制：

变性液：1.5mol/L NaCl，0.5mol/L NaOH

21.915g NaCl + 5g NaOH，加去离子水定容至 250ml

中和液：1mol/L Tris－HCl，pH8.0，1.5mol/L NaOH

30.275g Tris-HCl 加去离子水溶解，调节 pH8.0，然后加入 21.915g NaCl，定容至 250ml。

转移液（20×SSC）：3M NaCl，300mM 柠檬酸钠，pH7.0。

②转膜方法根据《现代分子生物实验技术》：

（1）切除无用的凝胶部分。将凝胶的左上角切去，以便于定位。然后将凝胶置于一个搪瓷盆中。

（2）凝胶浸泡于适量的变性液中，置室温 1h，不间断地轻轻摇动。注意不要让凝胶漂浮起来，可用滴管等物将之压下。

（3）将凝胶用去离子水漂洗一次，然后浸泡于适量的中和液中 30min，不间断地轻轻摇动。换新鲜中和液，继续浸泡 30min。

（4）取一方盘，方盘内加入适量的 20×SSC 溶液。方盘上架上一块玻璃板，玻璃板上铺上一张清洁的 Whatman 滤纸，滤纸两端浸没在 20×SSC 溶液中，用一玻璃棒将滤纸推平，滤纸与玻璃板之间不得有气泡。

（5）剪一块与凝胶大小相同或稍大的尼龙膜。注意操作时要戴手套，千万不可用手触摸，否则油腻的膜将不能被湿润，也不能结合 DNA。

（6）将尼龙膜漂浮在去离子水中，使其从底部开始向上完全湿润。然后置于 20×SSC 中至少 5min。注意如果过滤膜不能被润湿则不能用。

（7）将中和后的凝胶上下颠倒后，置于上述铺了一层 Whatman 3MM 滤纸的平台中央。注意两者之间不能有气泡。

（8）在凝胶的四周用 Parafilm 蜡膜封严，以防止在转移过程产生短路，从而使转移效率降低。

（9）将润湿的尼龙膜小心覆盖在凝胶上，膜的一端与凝胶的加样孔对齐。排除两者之间的气泡。相应的将膜的左上角剪去。注意膜已经与凝胶接触即不可再移动，因为从接触的一刻起，DNA 已开始转移。

（10）将两张预先用 2×SSC 润湿过的与尼龙膜大小相同的 Whatman 3MM 滤纸覆盖在尼龙膜上，排除气泡。

（11）裁剪一些与尼龙膜大小相同或稍小的吸水纸，约 5~8cm 厚。将之置于 Whatman 3MM 滤纸之上。在吸水纸上置一玻璃板，其上压一重 500g 的物品。

（12）静置 8~24h 使其充分转移。

（13）弃去吸水纸和滤纸，将凝胶和尼龙膜置于一张干燥的滤纸上。用圆珠笔表明加样孔的位置。

（14）尼龙膜浸泡在 6×SSC 溶液中 5min 以去除琼脂糖碎块。

（15）尼龙膜用滤纸吸干。然后置于两层干燥的滤纸中，120℃烘烤 30min 或 80℃烘烤 2h。

4）杂交

①预热杂交液置 42℃。

②取 5ml 预热的杂交液，加入到杂交袋中，尽量使膜与杂交袋之间不留气泡，将杂交袋置于杂交炉中，42℃预杂交 30min。

③取 1μl 标记的探针放到一个小离心管中（探针用量为 25ng/ml 杂交液），加 50μl 水。

④沸水中煮 5min，变性探针。

⑤立即放到冰水混合物中。

⑥弃去预杂交液，加 2ml 预热的杂交液置杂交袋中。

⑦立即把变性的探针加到杂交袋中，混匀，封口。

⑧42℃杂交 24h。

⑨把膜放到一个装有适量 2×SSC，0.1% SDS 的溶液中，室温洗膜两次，每次 10min。

⑩在 65℃用 0.5×SSC，0.1% SDS 洗膜两次，每次 30min。

5）免疫检测

①在完成了杂交和严格洗膜后，简单地将膜在冲洗缓冲液中洗 1～5min。

②在 50ml 封闭液中温育 1h。

③在 10ml 抗体溶液中温育 30min。

④在 50ml 冲洗缓冲液中洗 2×15min。

⑤在20ml检测缓冲液中平衡2～5min。

⑥将膜置于10ml新鲜配制的颜色反应黑暗中温育，在显色过程中不要晃动。

二、结果与分析

1. DNA 的提取与纯化

用CTAB法提取大豆叶片基因组DNA，进行0.8%琼脂糖凝胶电泳，结果见图7－12。

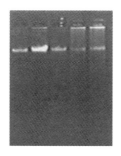

图7－12　黄瓜基因组 DNA 的提取

Fig. 7－12　Isolution of genomic DNA from cucumber

从上图可知，提取纯化后的DNA无降解，完全可以满足实验要求。

2. DNA 限制性内切酶的酶切

分别用 *Nco* Ⅰ、*Eco*R Ⅰ、*Sal* Ⅰ三种限制性内切酶对黄瓜基因组进行酶切，琼脂糖凝胶电泳结果如图7－13所示。

3. 黄瓜基因组 DNA 的 Southern 分析

选取在克隆得到的 *CSLOX* 基因中无酶切位点的 *Nco* Ⅰ、*Eco*R Ⅰ、*Sal* Ⅰ限制性内切酶，分别对黄瓜基因组DNA进行酶切。从图7－14中可以看出 *Eco*R Ⅰ和 *Sal* Ⅰ酶切产物都出现了 1 条较强的杂交带,而 *Nco* Ⅰ酶切产物出现了 3 条带,说明克隆的 *CSLOX* 基因在黄瓜基因组中的拷贝数为寡拷贝。

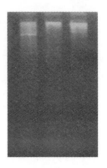

图 7 – 13   黄瓜基因组 DNA 的限制性内切酶消化

Fig. 7 – 13   Genomic DNA of cucumber digested with restriction endonucleases

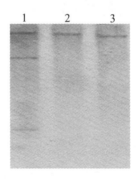

图 7 – 14   黄瓜基因组 DNA Southern 分析

1, 2, 3:黄瓜基因组分别经 *Nco* Ⅰ、*Eco*R Ⅰ、*Sal* Ⅰ酶切

Fig. 7 – 14   Southern Blot analysis of *CSLOX* gene in cultivars D0313

1, 2, 3: genomic DNA of cucumber digested with *Nco* Ⅰ, *Eco*R Ⅰ, *Sal* Ⅰ respectively

第三节 *CSLOX* 基因的转录表达检测

获得黄瓜果实 *CSLOX* 基因 cDNA 片段后，利用 RT-PCR 技术对该基因的转录表达情况进行初步研究。

一、材料与方法

1. 植物材料

黄瓜品种 D0313 和 649 由东北农业大学园艺学院黄瓜课题组提供。试验于 2006 年 7 月 25 日播种，8 月 20 日黄瓜 3 叶 1 心期定植在东北农业大学玻璃温室里，采用随机区组排列，3 次重复，9 月 1 日黄瓜初花期开始授粉，挂牌标记。取授粉后 0，5d，10d，15d，20d，25d，30d，35d，40d，45d，50d 的黄瓜果实，液氮速冻，−70℃冰箱保存，用于总 RNA 提取。再分别取雄花、根、茎、子叶、叶片，液氮保存用于总 RNA 的提取。

2. 引物设计

根据 3'RACE 克隆得到的 cDNA 序列，在 3' 非翻译区内设计 2 个特异引物用于该基因的表达分析。引物序列如下：

3' – UTR – f：5'TTTGAGATTGTGTGAGGC3'

3' – UTR – r：5'CAGAGAATGAACTAAAGACG3'

3. 试验方法

1）黄瓜果实及不同部位总 RNA 的提取

方法同第七章材料与方法中 RNA 的提取。

2）cDNA 第一链的合成

逆转录反应体系如下所示：

反应体系	用量（μl）
MgCl$_2$	2.0
10×RT buffer	1.0
dNTP mix（10mM）	1.0
RNase Inhibitor（4U/μl）	0.25
AMV RT	0.5
Oligo（Dt）	0.5
总 RNA	5.0
总计	10.0

逆转录条件：

30℃	10min
42℃	1h
99℃	5min
5℃	5min

3）PCR 扩增

在 25μl 的 PCR 反应体系中加入：

反应体系	用量（μl）
10×PCR buffer	2.5
dNTP mix（2.0mM）	2.5
MgCl$_2$（15mM）	2.5
3'-UTR-f（20μM）	0.5
3'-UTR-r（20μM）	0.5
cDNA Template	1.0
Taq DNA 聚合酶（5U/μl）	0.5
ddH$_2$O	15.0
总计	25.0

PCR 反应条件：

94℃	预变性 5min
94℃	变性 45s
52℃	退火 45s
72℃	延伸 1.5min

34 个循环

| 72℃ | 延伸 10min |
| 4℃ | 终止反应 |

二、结果与分析

1. 黄瓜果实发育过程中 *CSLOX* 基因的半定量 RT-PCR 表达分析

以黄瓜果实发育不同时期的 RNA 为材料，利用内标基因 Actin 的引物和 *CSLOX* 基因片段引物 3'－UTR－f 和 3'－UTR－r 分别进行 RT－PCR 扩增。半定量表达分析结果见图 7－15，图 7－16。D0313 和 649 的果实授粉后 0～10d，该基因没有表达，授粉后 15～35d 表达量较高，其中在 25d 左右为最高，到授粉后 40～50d，基因表达量下降或不表达。这与前文中 D0313 和 649 黄瓜果实 LOX 活性的变化趋势基本相符，LOX 活性在 15d 后开始增强，20～30d 活性最强，授粉 35d 后活性降低。因而，推测该基因与黄瓜果实的成熟衰老相关。

CSLOX 基因在 D0313 和 649 的黄瓜果实授粉后 15d 起始表达，在授粉后 0～10d 中没有表达，在授粉后 20～30d 黄瓜果实表达较强，其中在授粉后 25d 出现表达高峰，授粉 30～40d 表达量又呈下降趋势，在授粉 40d 又出现较强的表达，授粉 45d 后表达量降低或不表达；这与前文中 D0313 和 649 活体黄瓜果实 LOX 活性的变化趋势是一致的，LOX 活性在 15d 后开始增强，20～30d 活性最强，授粉 35d 后活性降低。

图 7－15，图 7－16 中，授粉后 30～40d RT-PCR 表达的条带亮度呈下降趋势，这可能是因为伴随衰老进程的加剧，果实叶绿素含量下降，大分子物质迅速降解，膜质过氧化作用加重导致 *CSLOX* 基因的表达量也就逐渐降低。而 D0313 和 649 黄瓜

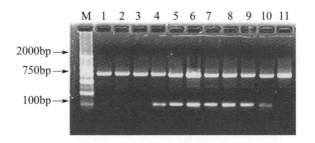

图 7 – 15 *CSLOX* 基因在品种 649 果实发育中的半定量表达分析

Fig. 7 – 15 Semi – quantitative expression of *CSLOX* in 649
fruit during fruits developing

M：DL2000；1 ~ 11：分别为授粉后 0，5d，10d，15d，20d，25d，30d，
35d，40d，45d，50d 黄瓜果实

M：Marker DL2000；1 – 11：fruits from 0，5d，10d，15d，20d，25d，
30d，35d，40d，45d and 50d respectively after pollination

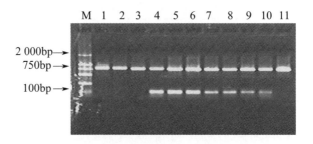

图 7 – 16 *CSLOX* 基因在品种 D0313 果实发育
中的半定量 RT-PCR 分析

Fig. 7 – 16 Semi – quantitative expression of *CSLOX* in D0313
fruit during fruits developing

M：DL2000；1 ~ 11：分别为授粉后 0，5d，10d，15d，20d，25d，30d，
35d，40d，30d，35d，40d，45d，50d 黄瓜果实

M：Marker DL2000；1 – 11：fruits from 0，5d，0d，15d，20d，25d，30d，
35d，40d，45d，and 50d respectively after polination

果实的 *CSLOX* 基因表达量相比较，发现 649 较 D0313 表达量更强一些，这与 LOX 活性的比较还存在一定偏差，我们认为，这可能是 *CSLOX* 基因在 649 的果实中存在突变现象，这种现象还有待今后研究。但由 *CSLOX* 基因在果实各时期的表达情况可知，649 的起始表达量较 D0313 低，一定程度上解释了 D0313 较 649 早衰的原因。由图 3 – 14，图 3 – 15 中的 *CSLOX* 基因表达变化趋势可知，LOX 与黄瓜果实成熟衰老过程密切相关。

2. 植株不同部位 *CSLOX* 基因的 RT-PCR 半定量表达分析

同时，对该基因在黄瓜植株不同部位的表达情况也进行了 RT-PCR 半定量表达分析，仍以 Actin 基因为内标基因，以 3' – UTR – f 和 3' – UTR – r 为引物，调节不同部位材料的 RNA 逆转录产物浓度一致，进行半定量 PCR 分析。分析结果见图 7 – 17，结果发现该基因在衰老的子叶、叶片、果实和雄花中有表达信号。在衰老子叶中表达量也较高，而在雄花中表达量很低，在根中不表达，说明该基因并不是果实专一表达基因。

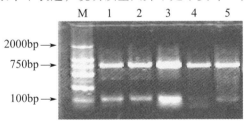

图 7 – 17　*CSLOX* 基因在不同器官的半定量 RT-PCR 分析
Fig. 7 – 17　Semi-quantitative expression of *CSLOX* in different apparatus

M：DL2000；1~5：分别为叶、茎、衰老子叶、根、雄花

M：Marker DL2000；1 – 5：leaves, shoots, senescent cotyledon; roots and staminate flowers

三、讨论

对于 *LOX* 基因的研究近年来取得了可喜的进展，已经分别从许多植物包括大部分农作物中克隆到了 *LOX* 基因，并发现其为一个基因家族。但有关 *LOX* 基因在果实成熟衰老过程中的功能研究报道不多，多为与伤害及病虫害侵染防御相关的研究报道。Ferrie 等从番茄果实中克隆到 *tomloxA* 和 *tomloxB* 基因，Heitz 等从叶片中克隆到 *tomloxC* 和 *tomloxD* 基因，它们在不同的组织和不同的发育阶段有不同的表达类型。研究发现，*tomloxA* 在种子和成熟果实中表达；*tomloxB* 只在果实中表达；*tomloxC* 在成熟果实的转色期和红熟期检测到了存在，在叶片和花器官中表达，但在绿熟果实中无表达信号；*tomloxD* 在叶片、萼片、花瓣和花的雄性器官中表达，可被伤害诱导，在绿熟期和转色期果实中也有表达信号。*tomloxB* 和 *tomloxC* 被认为是两种不同的番茄果实成熟专一基因。

在成熟衰老进程的活体黄瓜果实中，*LOX* 基因存在表达差异。衰老初期，*LOX* 基因表达量在活体黄瓜果实中的表达量逐渐升高；而衰老后期，*LOX* 基因的表达量又呈下降趋势，这可能是因为伴随衰老进程，衰老后期的果实各项生理机能衰退、果实软化、激素调节等因素致使 LOX 开始逐渐失活，因此表达效果较弱或不表达。但整体表达结果上，可以看出 *LOX* 基因的表达的确与成熟衰老的时期密切相关。且与本文中不同发育时期脂氧合酶活性测定的变化趋势基本一致，更进一步证明了，*LOX* 基因在黄瓜活体果实成熟衰老中的作用。

在果实发育后期成熟衰老过程中，ABA 含量会明显增加，有一个累积的过程，最后形成一个高峰，表现出与跃变型果实中乙烯的变化规律相似峰。ABA 对果实的后熟衰老起着非常重要的促进作用，尤其对非跃变型果实，甚至比乙烯在果实成熟衰老中的作用更大。有研究表明 ABA 处理猕猴桃可使 LOX 活性高峰提前（陈昆松等，1999）。而用 ABA 处理幼小的黄瓜果实，发现克隆到的 *CSLOX* 基因的表达提前，说明该基因受 ABA 诱导表达。在 ABA 的诱导下该基因的表达峰提前，进一步说明可能该基因的表达与果实的成熟衰老有关（宋德颖，2007）。但本试验克隆的 *LOX* 基因的具体功能还需要进一步利用反义 RNA 或 RNAi 干扰等方法进一步证实。

四、结论

从成熟黄瓜果实中克隆到 *LOX* 基因 cDNA 片段，命名为 *CSLOX*。该基因在授粉后 $0 \sim 10d$ 的黄瓜果实中未出现表达，从授粉 15d 开始表达，授粉后 $20 \sim 30d$ 表达量较强，随后呈下降趋势，授粉 45d 后表达终止，说明该基因是黄瓜果实成熟衰老相关基因。*CSLOX* 基因在子叶、叶片等器官中也有表达，说明该基因不是黄瓜果实专一表达基因。

参考文献

陈昆松，张上隆，李方，陈青俊，刘春荣．1995．胡柚果实采后枯水的研究．园艺学报，2（1）：35～39

陈昆松，张上隆，吕均良．1997．脱落酸、吲哚乙酸和乙烯在猕猴桃果实后熟软化进程中的变化．中国农业科学，2：54～57

陈昆松，张上隆，Gavin S. R. 1998．猕猴桃成熟果实中脂氧合酶基因的克隆．园艺学报，2（3）：230～235

陈晶，李正国．2002．脂氧合酶在果实成熟衰老中的作用．广州食品工业科技，18（1）：50～53

陈蔚辉，张福平．2000．番荔枝采后贮藏期间的生理变化．植物生理学通讯，36（2）：114～118

戴宏芬，季作梁，张昭其．1999．间歇升温对芒果果实冷害及谷胱甘肽、VC 代谢的影响．华南农业大学学报，20（2）：51～54

丁长奎．1990．果实完熟过程中的激素调控．植物生理学通讯，（5）：5～9

寇晓虹，王文生，吴彩娥，郭平毅．2000．鲜枣果实衰老与膜脂过氧化作用关系的研究．园艺学报，27（4）：287～289

方允中，李文杰．1989．自由基与酶——基础理论及其在生物学和医学中的应用［M］．北京：科学出版社

高经成，袁明耀，徐容江．1993．柿子后熟过程中生理代谢和品质变化及乙烯催熟效果．食品科学，（4）：14～16

关军锋，管雪强，高华君，束怀瑞．1997．成熟度和采后处理对草莓品质、超氧化物歧化酶活性和蛋白质含量的影响．果树科学，14（1）：24～27

关军锋，束怀瑞，黄天栋．1991．苹果果实衰老与膜脂过氧化作用的关系．河北农业大学学报，14（1）：50～53

关军锋，束怀瑞．1996．苹果果实衰老与活性氧代谢的关系．园艺学报，23（4）：326～328

何萍，金继运．1999．春玉米叶片衰老中激素变化、Ca^{2+} 跨膜运输和膜脂过氧化三者之间的关系．植物学报，41（11）：1221～1225

何开平，吴楚．2002．园艺植物衰老及保鲜的研究进展．安徽农业科学，30（4）：499～503

贺军民．1998．GA_3 和钙处理对草莓采后硬度变化、细胞膜透性及丙二醛含量的影响．陕西农业科学，（3）：26～27

胡钟东，乔玉山，王三红，姚泉洪，章镇．2007．砂梨脂氧合酶 cDNA 片段克隆与 RNAi 载体构建．西北植物学报．27（7）：1285～1290

黄昀，王三根，谢金峰，李道高．2004．不同丘陵地柑橘采后生理变化与活性氧代谢的关系研究．中国生态农业学报，12（1）：63～65

黄森，张继澍．1996．"火罐"柿减压处理、低乙烯 MA 贮藏技术研究．西北农业学报，5（1）：82～84

季作梁，戴宏芬，张昭其．1998．芒果果实冷害过程中谷胱甘肽和抗坏血酸含量的变化．园艺学报，25（4）：324～328

柯德森，王爱国，罗广华．1998．成熟香蕉果实活性氧与乙烯形成酶活性的关系．植物生理学报，24（4）：313～319

柯德森，王爱国，罗广华.1997. 活性氧在外源乙烯诱导内源
　　乙烯产生过程中的作用. 植物生理学报，23（1）：67~72

柯德森，王爱国，罗广华.1999. 乙烯促进线粒体呼吸过程中
　　活性氧的作用. 热带亚热带植物学报，7（2）：140~145

李柏林，梅慧生.1989. 燕麦叶片衰老与活性氧代谢的关系.
　　植物生理学报，15（1）：6~12

李杰芬，谭志一.1987. 苹果后熟过程中内源脱落酸与乙烯的
　　变化. 植物生理学报，13（1）：87~93

李拖平，高瑞霞，胡文玉.1995. 赤霉素对芹菜采后衰老的影
　　响. 中国蔬菜，3：14~16

李艳秋，王志坤，秦智伟，等. 活体黄瓜果实成熟衰老过程中
　　的几种生理生化指标变化. 植物生理学通讯，2006，42
　　（4）：671~673

林植芳，李双顺，张东林等.1998. 采后荔枝果实中氧化和过
　　氧化作用的变化. 植物学报，30（4）：382~387

刘淑娴，蒋跃明.1994. GA_3 对三华李采后色泽的影响. 园艺学
　　报，21（4）：320~322

陆定志，傅家瑞，宋松泉.1997. 植物衰老及其调控，北京：
　　中国农业出版社

陆胜民，金勇丰等.1999. 植物多聚半乳糖醛酸酶的结构和功
　　能. 园艺学报，26（6）：369~375

罗云波.1994. 脂肪氧合酶与番茄采后成熟的关系. 园艺学报，
　　21（4）：357~360

吕昌文，齐灵，修德仁，王作荣.1994. 桃波动温度贮藏及其
　　贮藏生理. 华北农学报，9（1）：75~80

吕均良，陈昆松，张上隆.1993. 猕猴桃果实后熟过程中乙烯

生成和 SOD 及 POD 活性变化. 浙江农业大学学报，19（2）：135～138

马崇坚，柳俊，谢从华. 2001. 茉莉酸类物质的功能与胁迫防御. 华中农业大学学报，6：603～608

茅林春，张上隆. 2001. 果胶酶和纤维素酶在桃果实成熟和败絮中的作用. 园艺学报，28（2）：107～111

缪颖，毛节绮. 1992. 采前石灰水加 IAA 和 GA 处理对"玉露"水蜜桃贮藏性的影响. 浙江农业大学学报，18（3）：65～69

聂华堂，种广炎. 1990. 锦橙、菠萝、甜橙贮藏期间过氧化物酶活性的变化. 中国柑桔，19（3）：24～25

欧毅，曹照春. 1996. 葡萄采前喷钙和 IAA 对果实生理生化及耐贮性的影响. 西南农业学报，9（3）：110～115

潘东明，陈桂信. 1998. 植物生长调节剂对溪蜜柚汁胞粒化的影响. 福建农业大学学报，27（2）：155～159

任小林，李嘉瑞. 1991. 杏果实成熟衰老过程中活性氧和几种生理指标的变化. 植物生理学通讯，1（1）：34～36

阮晓，王强. 2000. 香梨果实成熟衰老过程中 4 种内源激素的变化. 植物生理学报，26（5）：402～406

单积修. 1995. 脂肪氧合酶对草莓、苹果采后成熟衰老作用机制的研究［学位论文］. 北京：北京农业大学园艺系

沈成国等编著. 2001. 植物衰老生理与分子生物学，北京：中国农业出版社

生吉萍，申琳，罗云波. 1999. 果蔬成熟和衰老中的重要酶——脂氧合酶. 果树科学，16（1）：72～77

史国安，郭香风，张益民等. 1997. GA₃ 和乙烯利对杏果实采后活性氧代谢的影响. 园艺学报，24（1）：87～88

宋纯鹏.1998.植物衰老生物学［M］.北京：北京大学出版社

宋德颖，秦智伟，王志坤等.两品种黄瓜果实发育过程中脂氧合酶的活性变化比较.植物生理学通讯，2007，43（4）：716

宋钧，于梁.1987.利用红外线 CO_2 分析仪测定果蔬贮藏中呼吸强度的技术.植物生理学通讯，23（6）：60~62

孙存普，张建中，段绍瑾.1999.自由基生物学导论.北京：中国科学技术出版社，18~19

田建文，贺普超.1994.植物激素与柿子后熟的关系.天津农业科学，（3）：30~32

王宝山.1988.生物自由基与植物膜伤害［J］.植物生理学通讯，（2）：12~16

王贵禧，韩雅珊，于梁.1995.猕猴桃软化过程中阶段专一性酶的变化.植物学报，37（3）：198~203

王建华，刘鸿先，徐周.1998.超氧化物歧化酶（SOD）在植物逆境和衰老生理中的作用.植物生理学通讯，（1）：1~7

王晶英，敖红，张杰，曲桂琴.2002.植物生理生化实验技术与原理.哈尔滨：东北林业大学出版社，53~53，132~133，135~136

王亚琴，张康健，黄江康.2003.植物衰老的分子基础与调控.西北植物学报，23（1）：182~189

王树凤，郑春明，徐礼根.2000.植物衰老的分子机制及其调控.四川草原，第4期

王蔚华，郭文善，封超年等.2002.氮肥运筹对小麦花后剑叶衰老及籽粒发育的影响.扬州大学学报（农业与生命科学版），23（4）：61，65

吴敏，陈昆松．1999．桃果实采后成熟过程中脂氧合酶的活性变化．园艺学报，26（4）：227～231

吴有梅，顾采琴，邰根福等．1992．ABA和乙烯在草莓采后成熟衰老中的作用．植物生理学报，（2）：167～172

肖红梅，王薛修．1996．钙处理对桃采后生理和贮藏品质的影响．南京农业大学学报，19（3）：122～129

徐晓静．1994．桃、李果实储藏性与呼吸、乙烯和膜脂过氧化作用的关系．果树科学，11（1）：38～40

薛梦林，张继澎，张平，王莉．2003．减压对冬枣采后生理生化的影响．中国农业科学，36（2）：196～220

薛秋华，林如．1999．月季切花衰老与含水量、膜脂过氧化及保护酶活性的关系．福建农业大学学报，28（3）：306～307

杨剑平，韩涛，李丽萍，陈小宁．1996．热处理对桃贮藏期间膜脂过氧化作用的影响．园艺学报，23（1）：89～90

杨书珍，任小林，彭丽桃，饶景萍．2001．GA_3处理对采后油桃果实膜脂过氧化的影响．西北植物学报，21（3）：575～578

杨书珍，彭丽桃，饶景萍．2002．GA_3对油桃保鲜效果的研究．西北园艺，（5）：7～8

袁海英．2005.5．草莓果实磷脂酶D生理生化及分子生物学特性研究，浙江大学博士学位论文

曾广义．1998．植物生理学［M］．成都：成都科技大学出版社

张波，李鲜，陈昆松．2007．脂氧合酶基因家族成员与果实成熟衰老研究进展．园艺学报，34（1）：245～250

张波，李鲜，陈昆松．2008．基于EST库的猕猴桃脂氧合酶基因家族成员的克隆．园艺学报，35（3）：337～342

张微，杨正潭．1988．巴梨成熟期间乙烯与脱落酸含量的变化．植物学报，30（4）：453

张有林，陈锦屏．2000．葡萄贮期脱落酸（ABA）变化的研究．西北植物学报，20（4）：604～609

张有林，陈锦屏．2002．葡萄、鲜枣采后贮期脱落酸（ABA）变化与呼吸非跃变性研究．西北植物学报，22（5）：1 197～1 202

张宪政．植物生理学实验技术．沈阳：辽宁科技出版社，1989：70～73

张志华，王文江．2000．核桃果实成熟过程中呼吸速率与内源激素的变化．园艺学报，27（3）：167～170

赵林川，余炳果．1996．硒对玉米叶片衰老的调节作用．南京农业大学学报，19（1）：22～25

郑国华，米森敬三．1991．喷施 GA_3 和乙烯利对柿果实成熟及内源激素 GA_3 活性、ABA 含量的影响．园艺学报，18（3）：193～197

种康，敬兰花，杨成德等．1992．外源 Ca^{2+} 处理对黄瓜子夜衰老过程中叶绿素蛋白复合体及叶绿体超显微结构的影响［A］//中国科学院植物研究所．植物学集刊［C］．北京：科学出版社

周丽萍，张惟一．1997．外援激素和病原侵染对采后葡萄呼吸速率及组织内源激素的影响［J］．植物生理学报，23（4）：353～356

周玉婵，潘小平．1997，采后低温诱导菠萝 POD 活性升高的机理及其抑制途径．园艺学院，24（3）：235～238

朱广廉，钟海文．1990．植物生理学实验．北京：北京大学出版社，242～245

Anita N. M. , Bath A. K. , Walsh C. S. 1998. Whole-fruit ethylene evolution and ACC content of peach pericarp and seed during development. J Amer Soc Hot Sci, 113: 119~124

Apelbaum A. , Wang S. Y. , Burgoon A. C. , et al. 1981. Inhibition of the conversion of 1 – aminocyclop ropane – 1 – carboxylic acid to ethylene by structural analogs, inhibition of electron transfer, uncouples of oxidative phosphorylation, and free radical scavengers. Plant Physiol, 67: 74~85

Audre. E, Hou. k-w. 1932. The presence of a lipoid oxidase insoybean, Glycine soya. Lieb. C. R. Acad. Sci (Paris), 194: 645~647

Awad M. , and Young R. E. , 1979, Postharvest variation in cellulose poligalacturonase and pectinmethy-lesterase in avocado (Persea americana Mill. Cv. Fuerte) fruits in relation to respiration and ethylene production, Plant Physiol. , 64: 306~308

Axelrod B. , Cheesbrough T. M. , Laasko S. 1981. Lipoxygenase from soybeans. Methods Enzymol, 71: 441~446

Bartley. 1974. β-galactosidase Activity in Ripening Apples Phytochemistry, 560~590

Bell E, Mullet J. E. 1991. Lipoxygenase gene expression is modulated in plants by water deficit, wounding and methyl jasminate. Mol Gen Genet, 230: 456~462

Bell E. , Creelman R. A. , Mullet J. E. 1995. A chloroplast lipoxygenase is required for wound-induced jasmonic acid accumulation in Arabidopsis. Proc Natl Acad Sci USA, 92: 8675~8679

Beaudoin N. , Serizet C. , Gosti F. O. , et al. 2000. Interactions between abscisic acid and ethylene signaling cascades. The Plant

Cell, 12: 1103 ~ 1115

Bhalerao Rupali, Keskitalo Johanna, Sterky Fredrik, *et al.* 2003. Gene Expression in Autumn Leaves, Plant Physio. , 131: 430 ~ 442

Biale J. B. 1980. Encyclopaedia of plant physiology. Springer Verlag Berlin, 12: 536 ~ 592

Blokhina O, Virolainen E, Frgersted K V. 2003. Antixodidants, oxidative damage and oxygen deprivation stress a review. Annals of Botany, 91: 179 ~ 194

Bousquet J. F. , Thimann K. V. 1984. Lipid peroxidition from ethylene from ACC and many operate in leaf senescence. Proc Nott Acad Sci USA, 81: 1724 ~ 1727

Buchanan-Wollaston V. 1997. The molecular biology of leaf senescence. J. Exp. Bot. , 48: 181 ~ 199

Buchanan-Wollaston V., Earl S., Harrison Z., Navabpour S. , Page T., Pink D. 2003. The molecular analysis of leaf senescence-a genomics approach. Plant Biotechnology Journal, 1: 3 ~ 22

Buchanan-Wollaston V, Page T, Harrison E, Breeze E, Lim P O, Nam H G, Lin J F, Wu S H, Swidzinski J, Ishizaki K, Leaver C J. 2005. Comparative transcriptome analysis reveals significant differences in gene expression and signaling pathways between developmental and dark/starvation-induced senescence in *Arabidopsis*. Plant J, 42: 567 ~ 585

Burg S. D. 1963. The physiology of ethylene formation. Ann Rev Plant physiol, 13: 265 ~ 302

Burg S. F. , Burg E. A. 1962. Role of ethylene in fruit ripening. Plant physiol, 37: 178 ~ 189

Byers R. E. 1996. Peach and nectarine fruit softening following amino-ethoxying lglycine aprays and dips. HortScience, 32 (1): 86 ~ 88

Chandlee, J. M. 2001. Current molecular understanding of the genetically programmed process of leaf senescence. Physiol. Planta. , 113: 1 ~ 8

Chen G P, Hackett R, Walker D, Taylor A, Lin Z F. Grierson D. 2004. Identification of a specific isoform of tomato lipoxygenase (TomloxC) involved in the generation of fatty acid-derived flavor compounds. Plant Physiology. 136: 2641 ~ 2651

Creelman R. A. , Bell R. A. , Mullet J. E. 1992. Involvement of a lipoxygenase like enzyme in abscisic acid biosynthesis. Plant Physiol, 99: 1258 ~ 1260

Croft K. P. C. and Slusarenko A. J. 1993. Volatile products of the lipoxygenase pathway evolved from *Phaseolus vulgaris* (L.) leaves inoculated with *Pseudomanas syringes* pv. *Phaseolicola*. Plant Physiol, 101: 13 ~ 24

De Peoter H. I. , Sehamp N. M. 1989. Involvement of lipoxygenase mediated lipid catabolism in the start of the autocatalytle ethylene production by apples (cv. Golden Delicidlds) . A ripening hypathesis Acta Horticulture, 258: 47 ~ 53

Diaz Celine, Purdy Sarah, Christ Aurelie, *et al*. 2005. Characterization of Markers to Determine the Extent and Variability of Leaf Senescence in Arabidopsis. A Metabolic Profiling Approach. Plant Physiol, 138: 898 ~ 908

Doelling J. H. , Walker J. M. , Friedman E. M. , Thompson A. R. , Vererstra R. D. 2002. The APG8/12-activating enzyme APG7 is required for proper nutrient recycling and senescence in *Arabidopsis thaliana*, J. Biol. Chem, 277: 33 105 ~33 114

Droillard M. J. , Rouet-Mayer M. A. , Bureau J. M. , *et al.* 1993. Membrane-associated and soluble lipoxygenase isoforms in tomato pericarp. Plant Physiol, 103: 1211 ~ 1219

Du Z. Y. , Bramlage W. J. 1994. Superoxide dismutase activities incensing apple fruit (Malus domestica Brokh) . J Food Sci, 59: 584 ~ 587

Dubbs W. E. , Grimes H. D. 2000. Specific lipoxygenase isoforms accumulate in distinct regions of soybean pod walls and mark a unique cell layer. Plant Physiology, 123: 1269 ~ 1279

Dubbs W. E. , Grimes H. D. 2000. The mid-pericarp cell layer in soybean pod walls is a multicellular compartment enriched in specific lipoxygenase isoform. Plant Physiology, 123: 1281 ~ 1288

Elster E. F. 1982. Oxygen action and oxygen toxicity. Ann Rev Plant Physiology, 33: 73 ~ 96

Esquerre – Tugaye M T, Fournier J. , Pouenat M. L. , *et al.* Lipoxygenases in plant signalling [A] . In: Mechanisms of Plant Defense Responses [C] . ed. by Fritig B and Legrand M. Academic Publishers, 202 ~ 210

Faragher J. D. , Wachtel E. J. 1986. Changes in physical properties of cell membranes and their role in senescence of rose flower petals. Acta. Hort, 181: 371 ~ 375

Feller, U. and Fisher, A. 1994. Nitrogen metabolism in senescence leaves. Crit. Rev. in Plant Sciences, 13 (3): 24 ~ 273

Ferrie B. J. , Beaudoin N. , Burkhart B. , *et al.* 1994. The cloning of two tomato lipoxygenase genes and their differential expression during fruit ripening. Plant Physiol, 106: 109 ~ 118

Fischer R. L. , Benneit A. B. 1991. Role of cell wall hydrolases in fruit ripening , Annu, Rev, Plant Physiol Plant Mol Biol, 42: 675 ~ 703

Fitzgerald M. S. , Riha K. , Gao F. , Rent S. , McKnight T. D. , Shippen D. E. 1999. Disruption of the telomerase catalytic subunit gene from Arabidopsis inactivates telomerase and leads to a slow loss of telomeric DNA. Proc. Natl. Acad. Sci. USA, 96: 14 813 ~ 14 818

Fitzgerald M. S. , McKnight T. D. , Shippen D. E. 1996. Characterization and developmental patterns of telomerase expression in plants. Proc. Natl. Acad. Sci. USA, 93: 14 422 ~ 14 427

Gaffe J. , Tiznadi M. E. , Handa A. K. 1997. Characterization and functional expression of a ubiquitously expressed tomato pectin methylesterase, Plant Physiol. , 114: 1 547 ~ 1 556

Gan S. S. , Amasino R. 1995. Inhibition of leaf senescence by auto-regulated production of cytokinin. Science, 270: 1 986 ~ 1 988

Gan S. and Amasino R. M. 1997. Making sense of senescence: Molecular Genetic Regulation and Manipulation of Leaf Senescence. Plant Physiol. , 113: 313 ~ 319

Garnder H. W. 1995. Biological roles and biochemistry of the lipoxygenase pathway. Hort Science, 30: 197 ~ 205

Gepsleir S. , Sabehi G. , Carp. M. J. , Hajouj. T. , Nesher,

M. F. O. , Y riv. I. , Dor. C. , Bassan. M. 2003. Large-scale i-dentification of leaf senescence-associated genes, The Plant Journal, 36, 629 ~ 642

Giovannoni J. J. , Penna D. , Bennett A. B. , Fischer R. L. 1989. Expression of a chimeric polygalacturonase gene in transgenic rin (ripening inhibitor) tomato fruit results in polyuronide degrada-tion but not fruit softening, Plant Cell, 1: 53 ~ 63

Goldschmidt E. E. , Goren R. , Even-Chen Z. , et al. 1973. In-crease in free and bound abscisic acid during natural and ethylene induced senescence of citrus fruit peel. Plant Physiol, 51 (5): 879 ~ 882

Grbic V, Bleecker A. B. 1995. Ethylene regulates the timing of leaf senescence in Arabidopsis. Plant J, 8: 595 ~ 602

Greenberg J. T. 1996. Programmed cell death: A way of life for plants. Proc. Natl. Acad. Sci. USA, 93: 12 094 ~ 12 097

Griffiths A. , Barry C. , Alpuche-Solis A. G. , Grierson D. 1999a. Ethylene and developmental signals regulate expression of lipoxygenase genes during tomato fruit ripening. Journal of Ex-perimental Botany, 50: 793 ~ 798

Griffiths A. , Prestage S. , Linforth R. , Zhang J. L. , Taylo R. A. , Grierson D. 1999b. Fruit-specific lipoxygenase suppres-sion in antisense-transgenic tomatoes. Postharverst Biology and Technology, 17: 163 ~ 173

Gross J. , Bazak H. , Blumenfeld, et al. 1984. Changes in chloro-phy II and carotenoid pigments in the peel of ' Triumph' persim-mon (Diospyros kaki L.) induced by preharvest gibberellin

（GA_3）treatment. Scientia Hort, 24: 305~315

Halliwell B. 1996. Antioxidants present knowledge in nutrition. ILSI Press, Washington DC: 596~603

Hanaoka H., Noda T., Shirano. Y., Kato T., Hayashi H., Shibata D., Tabata S., Ohsumi Y. 2002. Leaf senescence and starvation-induced chlorosis are accelerated by the disruption of an *Arabidopsis* autophagy gene. Plant Physiol, 129: 1181~1193

Harman D. 1955. Aging: A theory based on free radical and radiation chemistry union. California Radiation laboratory Report, 14, 3078

Harman D. 1982. The Free-radical theory of aging: consequences of mitochondrial aging, In: Pryor WA ed, Free Radicals in Biology Vol. V, London: Academic Press, 255~266

Hayashi H., Chino M. 1990. Chemical coposition of phloem sap from the upper most internode of the rice. Plant Cell Physiol, 31: 247~251

He Y., Fukushige H., Hildebrand D. F., Gan S. 2002. Evidence supporting a role of jasmonic acid in *Arabidopsis* leaf senescence. Plant Physiol, 128: 876~884

Heitz T., Bergey D. R., Ryan C. A. 1997. Wounding, systemin, and methyl jasmonate transiently induce a gene encoding a chloroplast-targgeted lipoxygenase in tomato leaves. Plant Physiol, 114: 1 085~1 093

Hepler P. K., Wayne R. O. 1985. Calcium and plant development. Annu. Rev. Plant. Physiol, 36: 397

Himelblau E., Amasino R. M. 2001. Nutrients mobilized from leaves of *Arabidopsis thaliana* during leaf senescence. J. Plant Physiol, 158: 1 317 ~ 1 323

Hsieh R. J. 1994. Contribution of lipoxygenase pathway to food flavors. Amer Chem Soci, 31 ~ 48

Halfwell B. 1994. Free radials and oxidants. A personal view, Nutrition Rew, 50: 253 ~ 265

Huang Y. 1992. The importance of transmembrance flux of Ca^{2+} in regulating dark-induced senescence of detached com leaves. Bot Bull Acad Sin, 33: 17 ~ 21

Huber D. J. , 1983. The role of cell wall hydrolases in fruit softening. Horticultural Reviews, 5: 169 ~ 219

Ishida H. , Anzawa D. , Kokubun N. , Makino A. , Mae T. 2002. Direct evidence for non-enzymatic fragmentation of chloroplastic glutamine synthetase by a reactive oxygen species. Plant Cell Environ, 25: 625 ~ 637

Jang J. C. , Leon P. , Zhou L. , Sheen J. 1997. Hexokinase as a sugar sensor in higher plants. Plant Cell, 9: 35 ~ 53

Jimenez A. , Hernandez J. A. , Sevilla F. *et al.* 1998. Evidence for the presence of the ascorbate glutathione cycle in mitochondria and peroxisomes of pea leaves. Plant Physiol, 114: 275 ~ 284

John I, Drake R, Farrell A, *et al.* 1995. Delayed leaf senescence in ethylene-deficient ACC-oxidase antisense tomato plants: molecular and physiological analysis. Plant J, 7 (3): 483 ~ 490

Kamachi K. , Yamaya T. , Mac T. 1991. A role for glutamine synthetase in the remobilization of leaf nitrogen during natural senescence in rice leaves. Plant Physiol, 96: 411 ~ 417

Karpinski S. , Reynolds H. , Karpinska B. 1999. Systemic signaling and acclimation in response to excess excitation energy in Arabidopsis. Science, 248: 654 ~657

Kausch K. D. , Handa A. K. 1997. Molecular cloning of a ripening-specific LOX and its expression during wild-type and mutant tomato fruit development. Plant Physiol, 113 (4): 1 041 ~1 050

Kawahami N. , Watanabe A. 1998. Senescence specific increase in cytosolic glutamine synthetase its Mrna in radish cotyledons. Plant Physiol, 88: 1430 ~1434

Kelly M. O. , Davies P. J. 1986. Genetic and photoperiodic control of the relative rates of vegetative and reproductive development in peas. Ann. Bot, 58: 13 ~21

Keppler L. D. , Novacky A. 1987. Initiation of membrane lipid peroxidation during bacteria-induced hypersensitive reaction. Physiol Mol Plant Pathol, 30: 233 ~245

Kilian A. , Stiff C. , Kleinhofs A. 1995. Barley telomeres shorten during differentiation but grow in callus culture. Proc. Natl. Acad. Sci. USA, 92: 9 555 ~9 559

Kolomiets K. V. , Hannapel D. J. , Gladon R. J. 1996. Potato lioxygenase genes expressed during the early stages of tuberization. Plant Physiol, 112: 446 ~450

Kolomiets M. V. , Hannapel D. J. , Chen H. , Tymeson M. , Gladon R. J. 2001. Lipoxygenase is involved in teh control of potato tuber development. Plant Cell, 13: 613 ~626

Lacan D. , Baccou J. C. 1996. Changes in lipids and electrolyte leakage during nonnetted muskmelon ripening. J. Amer. Soc. Hort. Sci, 121:

554 ~558

Lamport D. T. 1986. A role for peroxidase in cell wall genesis. Molecular and physiological aspects of plant peroxidase, Univ of Geneva ' Press awizerlang'. P199 ~208

Lawrence G. D. 1985. Ethylene formation from methionine and its analogs. Robert A. Handbook of methods for oxygen radical [M]. CRC Press Inc, 157 ~185

Lentheric, et al. 1999. Harvest date affects the antioxidative systeme in pear fruit. Journal of Hortcultural Science & biotechnology, 74 (6): 791 ~795

Liebernam M. 1990. Biosynthesis and action of ethylene. Annu Rev Plant Physiol, 30: 533 ~591

Lurie S., Klein J., Ben-Hrie R. 1989. Phsiological changes in diphenlamine treated ' Grany Smith' apples. Israed Journal of Botonv, 38 (4): 199 ~207

Maccarrone M, Hilvers M P, Veldink G A, et al. 1995. Inhibition of lipoxygenase in lentil protoplasts by expression of antisense RNA. Biochim. Biophys. Acta, 92: 8 675 ~8 679

Maguwire Y. P., Haard N. F. 1976. Isolation of lipofuscinlike flurorencent products from ripening banana fruit. J Food Sci, 41: 551 ~554

Maguwire Y. P., Haard N. F. 1975. Fluorescent product accumulation in ripening fruit. Nature, 258: 599 ~562

Majeran W., Wollmann F. A., Vallon O. 2000. Evidence for a role of ClpP in the degradation of the chloroplast cytochrome b6f complex. Plant Cell, 12: 137 ~149

Marcelle R. D. 1989. Ethylene formation, Lipoxygenase and Calcium content in apple. Acta Horticulture, 258: 61 ~68

Markovic O. 1975. Pectolytic enzymes from banana, Collect. Czechoslov. Chem. Commun. , 40 (3): 769 ~774

Matile P. , Hortensteiner, S. 1999. Chlorophyll Degradation, Annu. Rev. Plant Physiol. Plant Mol. Biol. , 50: 67 ~95

Matsui Kenji, Hi jiya kohko, Tabuchi Yutaka, *et al.* 1999. Cucumber Cotyledon Lipoxygenase during Postgerminative Growth. Its Expression and Action on Lipid Bodies, Plant Physiol, 119: 1 279 ~1 288

Matsuik, Tsuru E, Kajiwara T, *et al.* 1995. Nucleotide sequence of a cucumber cotyledon lipoxygenase cDNA. Plant physiol. 109: 337

Mauk C. S. , Nooden L. D. 1992. Regulation of mineral redistribution in pod-bearing soybean explants. J. Exp. Bot, 43: 1 429 ~1 440

Mcmurchie E. J. 1990. Ethylene biosynthesis: Identification of 1-aminocylopropane-1-carboxylic acid as an intermediate in the conversion of methionine to ethylene. Nature Acad Sci, 6: 170 ~ 174

Melan M. A. 1993. An Arabidopsis thaliana lipoxygenase gene can be induced by pathogens; abscisic acid, and methyl jasmonate. Plant Physiol, 101: 441 ~450

Miller A. R. , Kelley T. J. 1989. Mechanical stress stimulator peroxidase activity in cucumber fruit. HortScience, 24: 650 ~652

Minguez-Mosquera M. I. , Jaren-Galan M. , Ganido-Fernandez J. 1993. Lipoxygenase activity during pepper ripening and processing of *Paprika*. Phytochemistry, 161: 1 103 ~1 108

Molisch H. 1938. The longevity of plants. Translated and published by H. Fulling New York

Neill S., Desikan R., Hancock J. 2002. Hydrogen peroxide signaling. *Curr Opin Plant Biol*, 5: 388~395

Nojavan-Asghari M., Ishizawa. 1998. Inhibitory effects of methyl jasmonate on the germination and ethylene production in Cockleur seed. J Plant Growth Regul, 17: 1318

Nooden L. D., Leopold A. C. 1988. Senescence and aging in plants, San Diego, Academic Press

Nooden L. D., Guiamet J. J. 1989. Regulation of assimilation and senescence by the fruit in monocarpic plants. Plant Physiol, 267~274

Nooden L. P., Guiamet, J. J., John, I. 1997. Senescence mechanisms. Physiol. Planta. , 101: 745~753

Oeller P. W., Wong L. M., Taylor L. P., *et al.* 1991. Reversible inhibition of tomato fruit senescence by antisense 1 – aminocyclopropane-1-carboxylate synthase RNA. Science, 254: 437~439

O'Neal D., Joy K. D. 1973. Glutamine synthetase of pea leaves: I Purification, stabilization and pH optima. Archives of Biochemistry and Biophysics, 15: 113~122

Paliyath G., Droillard M. J. 1992. The mechanism of membrane deterioration and disassembly during senescence. Plant Phyxiol Biochem, 30: 189~812

Park J. H., Oh S. A., Kim Y. H., Woo H. R., Nam H. G. 1998. Differential expression of senescence-associated Mrnas during leaf senescence induced by different senescence-inducing factors in *Arabidopsis*. Plant Mol. Biol. , 37: 445 ~454

Perez-Amador M. A. , Abler M. L. , de Rocher E. J. , Thompson D. M. , Van Hoof A. , LeBrasseru N. D. , Lere A. , Amasino R. M. 2000. Identification of BFN1, a bifuctional nuclease induced during leaf and stem senescence in *Arabidopsis*. Plant Physiol, 122: 169 ~180

Porta H, Rocha-Sosa M. 2002. Plant lipoxygenases physiological and molecular features. Plant Physiology, 130: 15 ~21

Richards E. R. , Ausubel F. M. 1988. Isolation of a higher eukaryotic telomere from Arabidopsis thaliana. Cell, 53: 127 ~136

Rickauer M. , Brodschelm W. , Bottin A. *et al.* 1997. The jasmonate pathway is involved differentially in the regulation of different defence responses in tobacco cells. Planta, 202: 155 ~162

Roach D. A. 1993. Evolutionary senescence in plants. Genetica, 91: 53 ~64

Robertson M. J. , Giunta F. 1994. Aust J Agric Re, 45: 19 ~35

Roulin S. , Feller U. 1998. Light-independent degradation of stromal proteins in intact chloroplasts isolated from *Disum sativus* L. leaves: requirement for divalent cations. Planta, 205: 297 ~304

Ryu Stephen B. , Wang Xuemin. 1995. Expression of Phospholipase D during Castor Bean Leaf Senescence. Plant physiol, 108: 713 ~719

Samuelsson B. 1987. Leucotrienes and lipoxins: structures, biosynthesis and biological effects. Science, 237: 1 171 ~1 176

Sato T, Theologis A. 1989. Cloing the mRNA encoding 1 – aminocyclopropane-1-carboxylate synthase, the key enzyme for ethylene biosynthesis in plants. Proc. Natl. Acad. Sci. USA, 86: 6 621 ~6 625

Shanklin J. , Dewitt N. D. , Flanagan J. M. 1995. The stroma of higher plant plastids contain ClpP and ClpC functional homologs of *Escherichia coli* ClpP and ClpA: an anchetypal two component ATP-dependent protease, Plant Cell, 7: 1 713 ~1 722

Shen B. , Carneiro N. , Torres-jerez I. , *et al.* 1994. Partial sequencing and mapping of clones from two maze cDNA libraries. Plant Mol. Biol. , 26: 1 085 ~1 101

Sheng J, Luo Y, Wainwright. 2000. Studies on lipoxygenase and the formation of ethylene in tomato. Journal—of—Hortsci and Biotech, 75 (1): 69 ~71

Shikanai T. , Shimizu K. , Ueda K. , Nishimura Y. , Kuroiwaa T. , Hashimoto T. 2001. The Chloroplast clpP gene, encoding for a proteolytic subunit of ATP-dependent protease, is indispensable for chloroplast development in tobacco. Plant Cell Physiol. 42: 264 ~273

Siedow J. N. 1991. Plant lipoxygenase: structure and function. Annu Rev Plant Physiol Plant Mol Biol, 1: 101 ~109

Strehler E. , Sterzik K. , de Santo M. , Abt M. , Wredemann R. , Bellati U. , Collodel, G. , Piomboni, P. and Bacctti B. 1997. The effect of follicle-stimulating hormone therapy on sperm quality: an ultrastructural mathematical evaluation. J Androl, 18: 439 ~447

Surrey K. 1963. Spectrophotometric method for determination of lipoxidase activity. Plant Physiol, 39: 65 ~70

Suttle J. C. , Kende H. 1980. Ethylene action and less of membrane integrity during petal senescence in Tradescantia. Plant physiol, 60: 1067 ~ 1072

Tanimonto S., Harada H. 1986. Involvement of calcium in adventitious bud initiation in Torenia stem segments. Plant Cell Physiol, 27: 1 ~ 10

Thakur B. R., Singh R. K., Handa A. K. 1996. Effect of an antisense pectin methylesterase gene on the chemistry of pectin in tomato (Lycopersion esculenturn) juice, J. Agric. Food. Chem., 44 (2): 628 ~ 630

Thimann, K. V. 1978. The senescence of leaves. In: (Thimann K. V. ed) Senescence in Plant, CRC Press, Boca Raton. Florida, 85 ~ 115

Todd J. F., Paliyath G., Thompson J. E. 1990. Characteristics of a membrane associated lipoxygenase in tomato fruit. Plant Phyxiol, 94: 1 225 ~ 1 232

Tu K., Waldron K., Ingham L., de Barsy T., de Baerdemaeker J. 1997. Effect of picking time and storage conditions on Cox's orange Pippin' apple texture in relation to cell wall changes. J. Hort. Sci., 72: 971 ~ 980

Veronesi C., Fournier J., Richauer M., et al. 1995. Nucleotide sequence of an elicito-induced tobacco lipoxygenase cDNA, Plant physiol., 108: 1342

Wang T., Yang S. F. 1987. The physiological role of lipoxygenase in ethylene formation from 1 – aminoeyclopropane – 1 – carboxylic acid in acid leaves planta, 10: 190 ~ 196

Weaver L., Himelblau E., Amasino R. 1997. Leaf senescence:

Gene expression and regulation. In: Setlow JK (ed) Genetic Engineering. In: Principles and Methods, Vol. 19. Plenum Press, NewYork, NY, 215~234

Whitaker Bruce D. , Smith David L. , Green Karen C. 2001. Cloning, characterization and functional expression of a phospholipase Da Cdna from tomato fruit, Physiologia plantrum, 112: 87~94

Woo H. R. , Chung K. M. , Park J. H. , Oh S. A. , Ahn. T. , Hong S. H. , Jang S. K. , Nam H. G. 2001. ORE9, an F-box protein that regulates leaf senescence in *Arabidopsis*. Plant Cell, 13: 1 779~1 790

Yang S. F. 1967. Biosynthesis of ethylene. Arch Biochen Biophys, 122: 481~487

Yang S. F. 1969. Further studies on ethylene formation from a keto-r-methylthiobutyric acid or b-methylthio-propionaldehyde by peroxidase in the presence of sulfite and oxygen. J Biol Chem, 244: 436~443

Yang S. F. , Hoffman N. E. 1984. Ethylene biosynthesis and its regulation in higher plants. Annu Rev Plant Physiol, 3: 155~189

Yang T. , Poovaiah B. W. 2000. An early ethylene up-regulated gene encoding a calmodulin-binding protein involved in plant senescence and death. J. Biol. Chem. , 275: 38 467~38 473

Yamaya T. , Oaks A. 1988. Distribution of two isoforms of glutamine synthetase in bundle sheath mesophyll cellof corn leaves. Physiol. Plant, 72: 23~28

Yoshida S. 2003. Molecular regulation of leaf senescence, Cur. Opin.

In Plant Biol. , 6: 79 ~ 84

Youngmen K. J. , Elstner E. F. 1985. Ethylene formation from methonine in the presence of pyricloxal phosphate [A] . Robert A. Handbook of methods for oxjgen radicals [M] . CRC Press Inc, 105 ~ 121

Yu E. Y. , Kim S. E. , Kim J. H. , Ko J. H. , Cho M. H. , Chung I. K. 2000. Sequence-specific DNA-recognition by the Myb-like domain of plant telomeric protein RTBP1. J. Biol. Chem. , 275: 24 208 ~ 24 214

Zhu Yuxian , Davies P. J. 1997. The control of apical bud growth and senescence by auxin and gibberellin in genetic lines of peas. Plant Physiol, 113: 631 ~ 637

缩写名	英文名称	中文名称
CTAB	Hexadecyltrimethylammomium bromide	溴化十六烷基三甲基胺
DEPC	Diethyl Pyrocarbonate	焦碳酸二乙酯
EB	Ethidium bromide	溴化乙啶
SDS	Sodium Dodecyl Sulfate	十二烷基磺酸钠
Tris	Trishydroxymethylaminomethane	三羟甲基氨基甲烷
EDTA	Ethylenediamine tetra acetate	乙二胺四乙酸
TE	Tris – EDTA buffer	Tris – EDTA 缓冲液
PCR	Polymerase Chain Reaction	聚合酶链式反应
bp	base pair	碱基对
OD	Optical density	光密度
dNTP	Deoxynucleocide triphosphate	脱氧核糖核苷三磷酸
DIG	Digoxigenin	地高辛
RT – PCR	Reverse transcription PCR	逆转录 PCR
PCR	Polymerase Chain Reaction	聚合酶链式反应
h	Hour	小时
min	Minute	分钟
sec	Second	秒
IPTG	Isopropyl-β-D-Thiogalactoside	异丙基 – β – D – 硫代半乳糖苷
X-Gal	5-bromo-4-chloro-3-indolyl-β-D-galactoside	5 – 溴 – 4 – 氯 – 3 – 吲哚 – β – D – 半乳糖苷
LB	Luria – bertani medium	LB 培养基
IAA	auxin	生长素
Amp	Ampicillin	氨苄青霉素
GA$_3$	gibberellin	赤霉素
ABA	Abscisic acid	脱落酸
ETH	ethyolene	乙烯
cDNA	Complementary DNA	互补 DNA

续表

缩写名	英文名称	中文名称
POD	Peroxydase	过氧化物酶
SOD	Superoxide	超氧化物歧化酶
MDA	Malonyl dialdehyde	丙二醛
LOX	Lipoxygenase	脂氧合酶
PG	Polygalacturonase	多聚半乳糖醛酸酶
DAP	Days after pollination	授粉

D0313

649

授粉 15d

D0313

649

授粉 20d

D0313

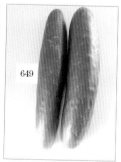

649

授粉 25d

D0313

649

授粉 30d

D0313

649

附录B 黄瓜果实外观图片

授粉 35d

D0313

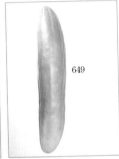

649

授粉 40d

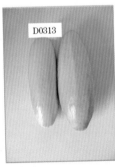

D0313

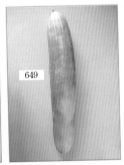

649

授粉 45d

D0313

649

授粉 50d